EIN HOCHBEET VIER JAHRESZEITEN

Impressum

Haftungsausschluss:

Die in diesem Buch enthaltenen Empfehlungen wurden sorgfältig geprüft und berücksichtigt. Dennoch können weder der Autor noch der Verlag eine Garantie oder Gewährleistung für die gemachten Angaben übernehmen. Die Anwendung der Empfehlungen erfolgt ausdrücklich auf eigene Gefahr. Jegliche Haftung des Autors, des Verlags und ihrer Vertreter für Schäden an Personen, Eigentum oder Vermögen, die durch die Nutzung oder Nichtnutzung der Informationen bzw. durch die Nutzung fehlerhafter und unvollständiger Informationen verursacht wurden, ist ausgeschlossen. Weder der Herausgeber noch der Autor übernehmen eine Haftung für die Aktualität, Richtigkeit und Vollständigkeit der Inhalte sowie für Druckfehler. Eine juristische Verantwortung oder Haftung für fehlerhafte Informationen und deren Folgen kann weder vom Herausgeber noch vom Autor übernommen werden.

Soweit in dieser Publikation auf Internetseiten Dritter verwiesen wird, übernehmen wir keine Verantwortung für deren Inhalte, da wir uns diese nicht zu eigen machen, sondern lediglich auf den Stand zum Zeitpunkt der Erstveröffentlichung hinweisen.

Bibliografische Informationen der Deutschen Nationalbibliothek

Die Deutsche Nationalbibliothek verzeichnet diese Publikation in der Deutschen Nationalbibliografie; detaillierte bibliografische Daten sind im Internet über https://dnb.dnb.de abrufbar.

1. Auflage 2025

Redaktion: Markus Lages

Lektorat und Korrektorat: Luise Hartung

Umschlaggestaltung: Manu Ancutici

Satz und Layout: Manu Ancutici

ISBN Print: 9783910385788

ISBN E-Book: 9783910385795

www.kniga-verlag.de

Bildnachweise:

Die folgenden in diesem Buch verwendeten Bilder stammen von Wikimedia Commons und stehen unter einer Creative-Commons-Lizenz.

S. 104 Sciara hemerobioides (Larve), Foto: James K. Lindsey, 19. Juli 2004, CC BY-SA 3.0, via Ecology of Commanster / Wikimedia Commons. S. 103: Thrips-Befall an Pflanze (punktuelle Aufhellungen und dunkle Kothäufchen), Foto: Jochen Kreiselmaier, 20. August 2002, CC BY-SA 4.0, via Wikimedia Commons. S. 108: Erysiphe euonymicola (Familie: Erysiphaceae), Foto: Juan Carlos Fonseca Mata, 1. August 2023, CC BY-SA 4.0, via Wikimedia Commons. S.110: „Falscher Mehltau auf einer Gurke", Foto: Christian Hummert (Ixitixel), 26. Juli 2008, CC BY-SA 3.0, via Wikimedia Commons. S.111: „Knolvoet bei Blumenkohl" (Plasmodiophora brassicae on cauliflower), Foto: Rasbak, bearbeitet von [Dein Name], CC BY-SA 3.0, via Wikimedia Commons.

EIN HOCHBEET VIER JAHRES-ZEITEN

Das Geheimnis für eine erfolgreiche Ernte

ROBERT BODEN

INHALT

Grundlage für ein gutes Wachstum: „Pflege" der Erde im Hochbeet

Aussaat, Pflanzungen und Pflege

Auf gehts ins Ernteglück: Themenbeete – sieben kreative Ideen

Erntezeitpunkt und Lagerung

Die häufigsten Krankheiten und Probleme im Hochbeet und was du dagegen tun kannst

Weitere Quellen und Ressourcen für Hochbeet-Einsteiger

"WER DER GARTENLEIDENSCHAFT VERFIEL, IST NOCH NIE GEHEILT WORDEN."

Dieses Zitat von Karl Foerster trifft es genau! Auch ich bin dieser Leidenschaft verfallen – und das schon seit vielen Jahren. Für mich gibt es kaum etwas Schöneres, als eigenes Gemüse zu ziehen und den frischen, knackigen Geschmack meiner Ernte zu genießen. Doch es ist nicht nur das Essen selbst, sondern auch das Gefühl der Zufriedenheit, wenn ich sehe, was meine Arbeit hervorgebracht hat.

Mit diesem Buch möchte ich dich mit meiner Begeisterung fürs Gärtnern anstecken. Ich zeige dir, wie einfach es ist, mit einem Hochbeet erfolgreich eigenes Gemüse anzubauen – egal, ob du ein Anfänger bist oder bereits Erfahrung hast. Alles, was du brauchst, ist das richtige Wissen und die Bereitschaft, dich darauf einzulassen. Und das Beste daran? Ein Hochbeet macht den Anbau besonders leicht, effizient und platzsparend.

Dieses Buch ist dein praktischer Leitfaden für den Gemüseanbau im Hochbeet. Du erfährst, wie du dein Beet optimal anlegst, welche Pflanzen sich dafür eignen und wie du es das ganze Jahr über produktiv hältst. Neben wichtigen Grundlagen bekommst du viele meiner eigenen erprobten Tipps und Tricks als Selbstversorger. Mein Ziel ist es, dass du am Ende selbstbewusst dein eigenes Gemüse anbaust – ohne großen Zeitaufwand und mit maximalem Erfolg.

Zusätzlich wirst du in diesem Buch immer wieder auf Links zu meinen Youtube-Videos stoßen, die das jeweilige Thema vertiefen und anschaulich ergänzen. Sie sind eine hilfreiche Unterstützung, aber keine Voraussetzung. Du kannst alle Inhalte dieses Buches auch ohne die Videos vollständig nutzen.

Warum das Gärtnern für mich mehr als ein Hobby ist

Ein Garten ist für mich nicht nur ein Ort des Anbaus, sondern auch ein Raum der Begegnung und des Lernens. Durch die Arbeit im Garten habe ich eine tiefere Verbindung zur Natur gefunden – und zu mir selbst. Gärtnern bedeutet für mich Entschleunigung, Achtsamkeit und eine Rückkehr zu den Wurzeln. Es lehrt uns Geduld, Verantwortung und die Freude am Einfachen.

Dabei ist es für mich auch ein Weg, bewusster mit meiner Ernährung umzugehen. Denn wer sein eigenes Gemüse anbaut, weiß genau, was auf seinem Teller landet – ohne Pestizide, ohne fragwürdige Zusatzstoffe. Es gibt eine alte Weisheit: „Du bist, was du isst." Und genau das lebe ich.

Vom Elektroniker zum Gartenprofi: ein Blick auf meine Geschichte

Bevor du tiefer ins Thema einsteigst, möchtest du vielleicht wissen, wer hinter diesen Zeilen steckt. Mein Name ist Robert Boden, ich komme aus Leipzig und bin seit 2012 leidenschaftlicher Gärtner. Vielleicht kennst du mich von meinem Youtube-Kanal „Outdoorando", auf dem ich regelmäßig meine Erfahrungen rund um den Gartenbau teile. Falls nicht, kannst du gern vorbeischauen!

Meine Reise begann mit einem kleinen Schrebergarten, den ich mit meiner Familie bewirtschaftete. Doch aus einem Hobby wurde schnell mehr. Ich entschied, meinen Traum vom Selbstversorgergarten wahr werden zu lassen, und kaufte ein 6.000 m² großes Grundstück – ohne fließendes Wasser und Strom. Diese Herausforderung brachte mir wertvolle Erkenntnisse und unzählige Lernerfahrungen. Heute verbringe ich den Großteil des Jahres in meinem Garten, ernähre mich im Sommer fast ausschließlich von der eigenen Ernte und genieße die Freiheit, die damit einhergeht.

Um meine Erlebnisse und mein Wissen zu teilen, startete ich meinen Blog Outdoorando.de und wenig später meinen Youtube-Kanal. Die Resonanz war überwältigend: Viele Menschen träumen davon, sich ein Stück weit selbst zu versorgen, wissen aber nicht, wie sie anfangen sollen. Genau hier möchte ich mit meinem Buch ansetzen.

Warum dieses Buch?

Vielleicht fragst du dich, warum ich zusätzlich zu meinem Blog und meinen Videos noch ein Buch geschrieben habe. Die Antwort ist einfach: Ein Hochbeet ist für viele der perfekte Einstieg ins Gärtnern, doch es gibt oft Unsicherheiten. Welche Pflanzen sind geeignet? Wie legt man ein Hochbeet richtig an? Wie kann man es nachhaltig nutzen?

In diesem Buch findest du die Antworten auf diese Fragen – strukturiert, übersichtlich und leicht verständlich. Ich möchte dir helfen, dein eigenes Gemüse anzubauen, häufige Anfängerfehler zu vermeiden und die Freude am Gärtnern zu entdecken. Denn ich bin überzeugt: Wirklich jeder kann gärtnern!

Nun genug der Vorrede – deine Reise ins Ernteglück mit dem Hochbeet beginnt genau jetzt!

ROBERT BODEN

DAS 1×1 DES HOCHBEETS

EINFÜHRUNG INS HOCHBEET-GÄRTNERN

Ein Hochbeet ermöglicht es dir, auch bei begrenztem Platz und schwierigen Bodenverhältnissen erfolgreich zu gärtnern. Es bietet zahlreiche Vorteile für den Anbau von Gemüse und Kräutern und ist ideal für Hobbygärtner, Fortgeschrittene und Profis. Besonders praktisch ist das Hochbeet für Menschen mit wenig Platz oder für alle, die ihren Rücken schonen möchten, da seine Höhe ein bequemes Arbeiten im Stehen erlaubt.

Darüber hinaus bietet ein Hochbeet weitere Pluspunkte: Du hast die volle Kontrolle über die Bodenqualität und kannst durch die Schichtung unterschiedlicher Materialien ein optimales Substrat für deine Pflanzen schaffen. Auch Schädlinge lassen sich hier viel leichter fernhalten als in einem herkömmlichen Gartenbeet.

Ein Hochbeet lässt sich aus Materialien wie Holz, Stein oder Metall bauen, wobei die Auswahl des richtigen Standorts und der passenden Materialien eine wichtige Rolle spielt. Aspekte wie Wetterfestigkeit, Haltbarkeit und Eigengewicht sind entscheidend für seine Langlebigkeit.

Etwas Planung und Vorbereitung benötigt das Hochbeet, aber keine Sorge: In den folgenden Abschnitten zeige ich dir Schritt für Schritt, wie du dein Hochbeet optimal planst, baust und pflegst. Gemeinsam starten wir dein Hochbeet-Projekt, damit du schon bald frisches Obst, Gemüse und Kräuter aus deinem eigenen kleinen Garten in die Höhe genießen kannst.

WAS IST EIN HOCHBEET UND WELCHE VORTEILE BIETET ES?

Ein Hochbeet ist eine spezielle Form des Gartenbeets, das auf erhöhtem Niveau angelegt wird. Es wird mit Holz, Steinen oder anderen Materialien eingefasst und ist mit verschiedenen Schichten von Erde, Kompost und anderen organischen Materialien gefüllt. Man könnte auch sagen, ein Hochbeet ist ein großer Komposthaufen, den man bepflanzen kann.

Welche Vorteile bietet ein Hochbeet?

Ein Hochbeet bietet zahlreiche Vorteile, die Hobbygärtner jeder Erfahrungsstufe begeistern. Hier sind die wichtigsten Gründe, warum ein Hochbeet die perfekte Ergänzung für deinen Garten oder Balkon ist:

- **Rückenschonendes Arbeiten.** Der größte Vorteil eines Hochbeets ist die angenehme Arbeitshöhe. Sie reduziert nicht nur Rückenschmerzen, sondern minimiert auch körperliche Belastungen, was entspanntes Gärtnern ermöglicht. Besonders Menschen mit körperlichen Einschränkungen oder Rückenproblemen schätzen diesen Komfort.

Optimale Bedingungen für Pflanzen. Im Hochbeet finden Pflanzen ideale Wachstumsbedingungen, da die Bodenqualität optimal kontrolliert werden kann. Die Erde lässt sich perfekt auf die spezifischen Bedürfnisse der Pflanzen abstimmen, was zu kräftigem Wachstum und einer reichhaltigen Ernte führt. Ein weiterer Vorteil ist die schnellere Bodenerwärmung: Im Frühjahr erwärmt sich die Erde im Hochbeet schneller als im normalen Boden. Dadurch ist eine frühere Aussaat und Ernte möglich, was den Anbauzeitraum deutlich verlängert.

Natürlicher Schutz vor Schädlingen. Ein Hochbeet bietet effektiven Schutz vor Bodenschädlingen wie Maulwürfen und Wühlmäusen, vor allem, wenn ein Gitter am Boden eingebaut wird. Auch Schnecken und andere bodennahe Schädlinge haben es schwerer, die Pflanzen zu erreichen.

Platzsparend und nachhaltig. Hochbeete sind ideal für kleine Gärten, Terrassen oder Balkone. Sie bieten platzsparende Möglichkeiten zum Pflanzenanbau und sind gleichzeitig ein ästhetischer Blickfang. Wer es umweltfreundlich mag, kann sein Hochbeet aus recycelten Materialien wie Paletten, Ziegelsteinen oder alten Holzbrettern bauen.

Weniger Unkraut. Ein Hochbeet reduziert den Unkrautwuchs erheblich, da der Boden durch die Schichtaufbauweise oft weniger Samen enthält. Das bedeutet weniger Zeitaufwand für das Jäten und mehr Zeit, um sich auf den Anbau zu konzentrieren.

Vielfältige Nutzungsmöglichkeiten. Hochbeete eignen sich nicht nur für Gemüse- und Kräuteranbau, sondern auch für Blumen und Zierpflanzen. Zudem können sie individuell an saisonale Bedürfnisse angepasst werden, z. B. mit Frühbeetaufsätzen für die Aussaat im zeitigen Frühjahr oder mit Abdeckungen für den Winteranbau. So kannst du das Hochbeet das ganze Jahr über nutzen und flexibel gestalten.

STANDORT DES HOCHBEETS – WO SOLL ES STEHEN?

Ein Hochbeet kannst du fast überall aufbauen. Es eignet sich für große Gärten ebenso wie für kleine Balkone oder Terrassen. Aber: Wähle den Standort clever, denn nur dann wirst du erfolgreich mit deinem Gemüseanbau sein. Der Aufstellort beeinflusst Lichtverhältnisse, Bewässerung und Schutz vor Wind und Wetter. Ich möchte dir in diesem Abschnitt einige Tipps geben, damit du problemlos den perfekten Standort für dein Hochbeet findest.

Hochbeet für den Garten

Ein Garten bietet ideale Voraussetzungen, um ein Hochbeet zu platzieren. Die Größe und Ausrichtung lassen sich flexibel anpassen – egal, ob du nur einen kleinen Bereich nutzt oder ein weitläufiges Gelände zur Verfügung hast, das zahlreiche Möglichkeiten zur Bepflanzung bietet. Achte auf die folgenden Aspekte:

Lichtverhältnisse. Die meisten Gemüse- und Kräuterpflanzen benötigen mindestens sechs Stunden Sonnenlicht pro Tag, um optimal zu gedeihen. Ein sonniger Standort ist daher ideal. Wähle einen Platz, an dem deine Pflanzen über den Tag hinweg möglichst viel Sonnenlicht abbekommen. Beobachte den Sonnenverlauf einen Tag lang, bevor du das Hochbeet aufbaust, um sicherzugehen, dass es gut belichtet ist.

Windschutz. Starker Wind kann Pflanzen beschädigen und das Erdreich schnell austrocknen. Daher ist ein windgeschützter Platz wichtig. Nahe gelegene Bäume, Sträucher oder ein Holzzaun können Schutz bieten, aber achte darauf, dass der Windschutz nicht zu viel Schatten auf das Hochbeet wirft.

Wasserzugang. Ein Wasseranschluss in der Nähe erleichtert die Bewässerung erheblich. Lange Wege mit einer schweren Gießkanne können schnell lästig werden.

Ebenes Gelände. Der Untergrund für dein Hochbeet sollte möglichst eben sein. Eine unebene Fläche kann die Stabilität des Beets beeinträchtigen. Falls nötig, begradige die Fläche, bevor du das Hochbeet aufbaust, um ein solides Fundament zu gewährleisten.

Hochbeet für die Terrasse

Du brauchst keinen Garten, um Gemüse erfolgreich im Hochbeet anzubauen – eine Terrasse reicht völlig aus! Sie ist oft ideal, da sie gut zugänglich ist und durch die Nähe zum Haus zusätzlichen Komfort bietet. Damit dein Hochbeet auf der Terrasse optimal zur Geltung kommt, solltest du folgende Aspekte berücksichtigen:

Größe und Platzbedarf. Überlege, wie viel Platz du deinem Hochbeet widmen möchtest. Achte darauf, dass es den Raum nicht übermäßig dominiert, damit noch genügend Platz für andere Aktivitäten bleibt. Kompakte Hochbeete eignen sich besonders gut für Terrassen, da sie ausreichend Bewegungsfreiheit bieten und trotzdem genug Raum für Pflanzen lassen.

Untergrund. Terrassenböden aus Fliesen, Pflaster oder Beton bieten einen stabilen und ebenen Untergrund – ideal für dein Hochbeet. Bei empfindlichen Holzböden solltest du eine wasserdichte Unterlage verwenden, um Feuchtigkeitsschäden zu vermeiden. Auch auf Fliesen oder

Terrassenplatten empfiehlt es sich, eine Unterlage einzusetzen, um den Boden vor Erde und Wasser zu schützen.

Sichtschutz und Optik. Nutze dein Hochbeet als dekoratives Element in der Terrassengestaltung. Es kann nicht nur Gemüse beherbergen, sondern auch als Sichtschutz dienen, indem es unschöne Bereiche verdeckt oder den Raum optisch teilt. Wähle Materialien und Farben, die zur restlichen Gestaltung der Terrasse passen, um ein harmonisches Gesamtbild zu schaffen.

Zugänglichkeit. Achte darauf, dass das Hochbeet leicht zugänglich ist. Es sollte nicht durch Möbel oder andere Pflanzgefäße blockiert werden, damit du deine Pflanzen problemlos pflegen und ihre Früchte ernten kannst.

Hochbeet für den Balkon

Ein Balkon mag zunächst nicht der typische Ort für ein Hochbeet sein, kann sich aber als geeigneter Standort erweisen – vorausgesetzt, du gehst die besonderen Herausforderungen gezielt an. Hier sind die wichtigsten Punkte, die du beachten solltest:

Traglast des Balkons. Ein voll befülltes Hochbeet kann ein erhebliches Gewicht erreichen, besonders wenn die Erde nach Regenfällen mit Wasser gesättigt ist. Deshalb ist es entscheidend, die Traglast deines Balkons vorab zu überprüfen. Im Zweifelsfall konsultiere einen Statiker oder deinen Vermieter, um sicherzugehen, dass der Balkon die Belastung tragen kann.

TIPP:
Leichtbau-Hochbeete aus Kunststoff oder Aluminium sowie spezielle leichte Substrate können das Gesamtgewicht deutlich reduzieren.

Platzierung und Größe. Da der Platz auf Balkonen begrenzt ist, sollte das Hochbeet möglichst kompakt gestaltet sein, um die Bewegungsfreiheit nicht einzuschränken. Schmale, lange Hochbeete, die entlang der Balkonbrüstung platziert werden, bieten eine praktische Lösung, da sie wenig Raum einnehmen und dennoch ausreichend Platz für Pflanzen bieten. Eine weitere Möglichkeit sind Eck-Hochbeete, durch die ungenutzte Ecken sinnvoll verwendet werden können. Besonders platzsparend sind mehrstöckige Hochbeete. Sie schaffen auf kleinem Raum viel Anbaufläche, weil sie in die Höhe gebaut werden. Mit diesen Varianten lässt sich der verfügbare Platz optimal nutzen, ohne den Balkon optisch oder funktional zu überladen.

Wind- und Sonnenschutz. Die erhöhte Lage eines Balkons macht das Hochbeet anfällig für Wind und extreme Sonneneinstrahlung. Daher empfiehlt es sich, das Hochbeet in einer geschützten Ecke aufzustellen oder es mit Sichtschutzelementen zu ergänzen, die gleichzeitig als Windschutz dienen. Bei starker Sonneneinstrahlung kann eine Markise oder ein Sonnensegel Abhilfe schaffen, um die Pflanzen vor dem Verbrennen und Austrocknen zu bewahren. So ist das Hochbeet auch unter schwierigen Bedingungen ein idealer Standort für gesundes Pflanzenwachstum.

Bewässerung.
Die Bewässerung auf dem Balkon erfordert eine gut durchdachte Organisation, um sowohl die Pflanzen optimal zu versorgen als auch mögliche Probleme zu vermeiden. Für kleinere Wassermengen eignet sich eine Gießkanne, die flexibel und einfach zu handhaben ist. Bei häufigem Gießen kann ein Bewässerungsschlauch eine praktische Lösung sein, sofern dies technisch umsetzbar ist. Achte darauf, dass kein überschüssiges Wasser vom Balkon abläuft und die Nachbarn unter dir beeinträchtigt. Mit einer sorgfältigen Planung wird die Bewässerung effizient und unkompliziert.

WELCHE HOCHBEETE GIBT ES?

Hochbeet aus Holzbrettern

Holzbretter sind eine klassische und vielseitige Wahl für den Bau eines Hochbeets. Besonders langlebige Holzarten wie Robinie, Lärche oder Eiche eignen sich hervorragend, da sie von Natur aus witterungsbeständig und resistent gegen Schädlinge sind. Weichere Hölzer wie Kiefer oder Fichte können ebenfalls verwendet werden, benötigen jedoch zusätzliche Pflege und Schutz. Um das Hochbeet stabil zu halten, sollten die Holzbretter an den Ecken mit Metallwinkeln oder Holzpfosten verschraubt werden.

Um die Lebensdauer zu verlängern, empfiehlt sich das Auftragen eines Holzschutzmittels auf biologischer Basis. Zusätzlich schützen mit Teich- oder Noppenfolie ausgekleidete Innenwände das Holz vor Feuchtigkeit und verhindern ein schnelles Verrotten.

VIDEO:
Welches Holz für das Hochbeet ? (+ Kosten für den Bau)
→https://youtu.be/co8do_ayzl0

Hochbeet aus Europaletten

Der Bau eines Hochbeets aus Europaletten ist kostengünstig und umweltfreundlich. Die Konstruktion ist einfach: Vier hochkant gestellte Paletten bilden das Grundgerüst und werden an den Ecken stabil miteinander verschraubt. Die Paletten sollten vor der Verwendung unbedingt auf Schadstoffe geprüft werden, wenn im Hochbeet Lebensmittel angebaut werden. Achte auf den Stempel HT (heat-treated). Diese Paletten wurden mit Hitze anstatt chemisch behandelt und gelten somit als sicher.

Um die Lebensdauer der Paletten zu verlängern, sollte die Innenseite mit Teich- oder Noppenfolie ausgekleidet werden. Diese schützt das Holz vor Feuchtigkeit und verhindert ein vorzeitiges Verrotten. Die Folie sollte straff angebracht und am oberen Rand sauber befestigt werden, damit kein Wasser zwischen Holz und Folie gelangen kann.

TIPP:
Befestige kleine Pflanztöpfe oder Blumenkästen an der Außenseite der Paletten. Dies erweitert die Anbaufläche und eignet sich besonders gut für Kräuter, Blumen oder kleine Zierpflanzen. Diese Variante macht das Hochbeet nicht nur funktional, sondern auch optisch ansprechend.

Hochbeet aus Palettenrahmen

Vorgefertigte Palettenrahmen bieten eine einfache und schnelle Möglichkeit, ein Hochbeet zu errichten. Diese Rahmen bestehen aus Holz und lassen sich mühelos stapeln und kombinieren, um die gewünschte Höhe zu erreichen. Für Anfänger ist diese Art von Hochbeet ideal, da sie unkompliziert aufgebaut werden kann und kaum handwerkliches Geschick erfordert.

Da das verwendete Holz in der Regel nicht besonders langlebig ist, empfiehlt es sich, die Innenseite mit einer Feuchtigkeitssperre wie Teich- oder Noppenfolie auszukleiden. Diese Maßnahme schützt das Holz vor dem direkten Kontakt mit feuchter Erde und verlängert seine Lebensdauer erheblich. Zusätzlich sollten die Palettenrahmen im Winter mit einer Plane oder Abdeckung geschützt werden, um sie vor Witterungseinflüssen zu bewahren.

Palettenrahmen bieten eine günstige und flexible Lösung, die sich auch für kleinere Gärten oder temporäre Projekte hervorragend eignet.

VIDEO:
Das (sorgenfreie) Mini-Hochbeet - Bauanleitung (Teil I)
→https://youtu.be/eCe_ON54bMA

VIDEO:
Das (sorgenfreie) Mini-Hochbeet (Teil 2) Baumarktbesuch & Rückschläge
→https://youtu.be/eYOw07QmJ9o

Hochbeet aus Steinen

Ein Hochbeet aus Steinen ist eine langlebige und robuste Option, die sich perfekt in verschiedene Gartengestaltungen einfügt. Für den Bau können Betonsteine, Natursteine oder Ziegelsteine verwendet werden. Betonsteine und Ziegel sind eine kostengünstige Alternative, während Natursteine eine besonders natürliche Optik bieten.

Diese Hochbeete sind nahezu wartungsfrei, da die Steine gegenüber Witterungseinflüssen unempfindlich sind. Zudem speichern sie Wärme, was die Wachstumsbedingungen für viele Pflanzen verbessert. Hochbeete aus Steinen sind ideal für Gärtner, die eine langlebige, stabile und pflegeleichte Lösung suchen.

VIDEO:
Hochbeet aus STAHL und STEIN selber bauen. Genaue Aufbauanleitung!
→https://youtu.be/Ix-_Yg5nJXE

Hochbeet aus Stahl- bzw. Metall

Ein Hochbeet aus Metall, insbesondere aus Materialien wie verzinktem Blech, Wellblech oder Cortenstahl, bietet zahlreiche Vorteile. Diese Varianten sind leicht, stabil und langlebig, da sie resistent gegenüber Witterungseinflüssen und Schädlingen sind. Besonders Cortenstahl ist bei modernen Gartengestaltungen beliebt, da er eine dekorative Rostpatina entwickelt, die nicht nur ästhetisch ansprechend ist, sondern auch eine schützende Barriere gegen weitere Korrosion bildet.

VIDEO:
Edelrost-Hochbeet aufbauen
→https://youtu.be/I8qMgUclhIY

Barrierefreie Hochbeete für Rollstuhlfahrer

Barrierefreie Hochbeete sind speziell für Rollstuhlfahrer konzipiert und ermöglichen bequemes Gärtnern auf Sitzhöhe. Sie bieten ausreichend Platz für die Beine und sind von allen Seiten gut erreichbar. Mit einer Pflanztiefe von 30 bis 40 cm eignen sie sich perfekt für Kräuter, Salate und flachwurzelnde Pflanzen. Stabilität und eine ergonomische Höhe machen sie zu einer idealen Lösung für barrierefreies Arbeiten im Garten oder auf dem Balkon.

VIDEO:
Rollstuhlhochbeet - Das Hochbeet für ALLE Endlich barrierefrei gärtnern!
→https://youtu.be/0J0ubeinOCO

Gemüseanbau in Pflanzsäcken – kein Hochbeet, aber die Lösung für wenig Platz

Pflanzsäcke sind eine ideale Lösung für alle, die wenig Platz haben, aber dennoch Gemüse anbauen möchten. Sie bestehen aus robustem, atmungsaktivem Material und sind in verschiedenen Größen erhältlich. Pflanzsäcke lassen sich flexibel auf Balkonen, Terrassen oder kleinen Gartenflächen einsetzen.

Besonders geeignet sind sie für Tomaten, Kartoffeln, Paprika, Chilis, Auberginen oder Salat. Die Säcke können einfach mit Erde und Kompost befüllt und an sonnigen Standorten aufgestellt werden. Dank der guten Belüftung der Wurzeln fördern Pflanzsäcke ein gesundes Wachstum. Zudem sind sie leicht zu transportieren und können am Ende der Saison platzsparend verstaut werden – perfekt für den urbanen Anbau!

DER BAU DES ERSTEN EIGENEN HOCHBEETS

PLANUNG

Auf den ersten Blick mag es kompliziert erscheinen, ein Hochbeet zu bauen. Mit etwas Planung und handwerklichem Geschick wirst du diese Aufgabe aber gut meistern. In diesem Abschnitt führe ich dich Schritt für Schritt durch den Prozess. Dabei gehe ich auf alle wichtigen Punkte ein: die Abmessungen, die Materialauswahl sowie die Pflege und Instandhaltung. Mit den richtigen Tipps und Tricks legst du dir im Handumdrehen dein eigenes Beet an und fährst eine reiche Ernte ein.

Welche Hochbeet-Formen sind möglich?

Es gibt eine Vielzahl an Formen, die du für dein Hochbeet wählen kannst. Die richtige Wahl hängt von deinem persönlichen Geschmack, dem verfügbaren Platz und den Bedürfnissen deines Gartens ab.

- **Kastenförmig:** Klassisch und platzsparend. Diese Form eignet sich für kleinere Flächen und ist einfach zu bauen.

- **Rechteckig:** Eine der gängigen Formen, die sich gut in die meisten Gärten integrieren lässt. Rechteckige Hochbeete bieten eine große Anbaufläche und sind besonders praktisch für die Reihenbepflanzung.

- **L-förmig:** Ideal für größere Gärten oder Ecken. Diese Form ist vielseitig und ermöglicht eine optimale Nutzung von Ecken oder Randbereichen.

- **Rund:** Eine dekorative Option, die sich besonders als zentraler Blickfang im Garten eignet. Runde Hochbeete sind platzsparend und leicht von allen Seiten zugänglich.

- **Oval:** Eine Mischung aus rund und rechteckig, die einen natürlichen Look verleiht und sowohl funktional als auch ästhetisch ansprechend ist.

Welches Holz sollte man für den Bau von Hochbeeten verwenden?

Für langlebige und intensiv genutzte Hochbeete sind robuste Holzarten wie Lärche, Robinie oder Eiche besonders geeignet. Diese Harthölzer zeichnen sich durch ihre natürliche Witterungsbeständigkeit aus und sind ideal für den Einsatz im Außenbereich.
Falls du jetzt überlegst, welche Holzart ideal für dein erstes Hochbeet wäre, habe ich eine kleine Rangliste für dich erstellt:

1. Robinie

Haltbarkeit: Sehr hoch

Robinienholz gehört zu den besonders langlebigen heimischen Hölzern. Es hat eine hohe natürliche Resistenz gegen Witterung und Schädlinge, weshalb es bis zu 25 Jahre oder länger im Außenbereich überdauern kann.

Preis: Hoch

Robinienholz ist teurer als andere heimische Holzarten, aber die lange Lebensdauer rechtfertigt den Preis.

2. Eiche

Haltbarkeit: Hoch

Eichenholz ist ebenfalls sehr robust und witterungsbeständig, insbesondere das Kernholz. Mit entsprechender Pflege hält es 15 bis 20 Jahre oder länger.

Preis: Mittel bis hoch

Etwas günstiger als Robinie, jedoch teurer als Lärche.

3. Lärche

Haltbarkeit: Mittel bis hoch

Lärchenholz ist ein bewährtes Holz für den Außenbereich und hält ohne Imprägnierung etwa 10 bis 15 Jahre. Es ist weniger resistent als Robinie und Eiche, aber trotzdem langlebig.

Preis: Mittel

Lärche ist preiswerter als Robinie und Eiche und daher eine beliebte Wahl für Hochbeete.

Weichhölzer wie Kiefer oder Fichte sind preiswerter und leichter zu verarbeiten, aber anfälliger für Feuchtigkeit und Schädlingsbefall. Um die Haltbarkeit von Hochbeeten aus Weichhölzern zu erhöhen, empfiehlt sich eine Behandlung mit Holzschutzmitteln oder ein Auskleiden mit Noppen- oder Teichfolie, die das Holz vor direktem Kontakt mit feuchter Erde und Nässe bewahrt und so effektiv schützt.

Welche Maße sollte ein Hochbeet haben?

Die Länge eines Hochbeets sollte sich nach dem verfügbaren Platz richten. Für Anfänger sind Längen von 150 bis 200 cm ideal, da sie handlich und leicht zu bearbeiten sind, ohne zusätzliche Stabilisierung zu benötigen
.

Bei Längen über 200 cm können sich die Seitenwände durch den Druck der Füllung wölben. Das passiert häufig, wenn Bretter mit einer Stärke von weniger als 3 cm verwendet werden.

Die Breite eines Hochbeets hängt vom Zugang ab: Bei einseitigem Zugang sollte sie 70 bis maximal 100 cm betragen, damit die Mitte des Beets bequem erreichbar bleibt. Bei beidseitigem Zugang kann das Hochbeet bis zu 140 cm breit sein. Breitere Beete sind weniger praktisch, da die Mitte schwer zugänglich wird.

Für Hochbeete, die länger als 2 m sind, sollte das Holz eine Materialstärke von mindestens 4 cm aufweisen, damit die Bretter dem Druck der Erde standhalten. Dünnere Bretter mit einer Stärke von unter 3 cm eignen sich nur für kleinere Hochbeete, da sie weniger stabil sind und sich bei längeren Beeten unter dem Erddruck wölben können.

Um die Stabilität bei Holz-Hochbeeten ab einer Länge von 2 m zu gewährleisten, sollten Querstreben eingebaut werden. Diese verlaufen von einer Seitenwand zur anderen und verhindern, dass die Wände nach außen gedrückt werden. Zusätzlich können Stützpfosten in der Mitte der langen Seitenwände installiert werden, um die gesamte Konstruktion weiter zu stabilisieren und ein Verziehen zu vermeiden.

BAU EINES HOCHBEETS AUS HOLZ

Ein Hochbeet aus Holz ist nicht nur ein Blickfang im Garten, sondern auch äußerst praktisch für den Gemüseanbau. Es ermöglicht rückenschonendes Arbeiten, sorgt für optimale Wachstumsbedingungen und schützt vor Schädlingen wie Wühlmäusen. Mit der richtigen Vorbereitung und etwas handwerklichem Geschick kannst du dein eigenes Hochbeet individuell gestalten und perfekt auf deine Gartenbedürfnisse anpassen. In dieser Anleitung zeige ich dir Schritt für Schritt, wie du ein stabiles und langlebiges Hochbeet baust – von der Materialvorbereitung bis zur Endkontrolle.

Welche Werkzeuge werden benötigt?

Um ein Hochbeet aus Holz zu bauen, brauchst du folgende Werkzeuge:

- **Akkuschrauber** mit passenden Bits, um die Bretter sicher zu verschrauben.
- **Holzbohrer**, abgestimmt auf die Größe der Schrauben.
- **Handsäge oder Kreissäge**, um die Holzbretter und Pfosten zuzuschneiden.
- **Maßband oder Zollstock**, um exakte Maße zu nehmen.
- **Wasserwaage**, um sicherzustellen, dass alles gerade steht.
- **Bleistift oder Marker**, um Markierungen vorzunehmen.
- **Spaten** oder eventuell eine **Hacke**, um den Untergrund vorzubereiten.

Vorbereitung des Materials

1. Schneide alle Holzbretter und Eckpfosten auf die benötigten Maße zu.
2. Lege die zugeschnittenen Teile übersichtlich bereit, damit sie während des Baus griffbereit sind.

Untergrund vorbereiten

- **1. Nivellieren:** Sorge für einen ebenen Untergrund, indem du Unkraut, Steine und Unebenheiten entfernst.

- **2. Wühlmausgitter auslegen:** Ein feuerverzinktes, feinmaschiges Drahtgitter verhindert, dass Wühlmäuse oder andere Nagetiere die Pflanzenwurzeln beschädigen. Es wird direkt am Boden des Hochbeets befestigt.

3. Stabiler Untergrund: Um die Lebensdauer des Hochbeets zu verlängern, empfiehlt es sich, Pflastersteine oder eine Schicht Kies als Unterlage zu verwenden. Diese Materialien verhindern, dass das Holz direkten Kontakt mit feuchtem Boden hat, und schützen so vor Verrottung.

4. Standort vorbereiten: Markiere den Standort des Hochbeets und bringe die Fläche in eine absolut waagerechte Position, da Bodenunebenheiten die Stabilität beeinträchtigen könnten.

Eckpfosten positionieren

1. Platziere die Eckpfosten an den vier Ecken der vorgesehenen Hochbeet-Fläche. Sie sollten stabil und lotrecht stehen, da sie die Konstruktion tragen.

2. Material der Eckpfosten: Harthölzer wie Lärche, Robinie oder Eiche eignen sich besonders gut, da sie von Natur aus witterungsbeständig und langlebig sind.

3. Dimensionierung: Für kleinere Hochbeete sollten die Pfosten einen Querschnitt von mindestens 7×7 cm haben. Bei größeren Konstruktionen oder hohen Seitenwänden empfiehlt sich ein Querschnitt von 10×10 cm.

4. Bodenverankerung: Pfosten sollten 20 bis 30 cm länger sein als die Hochbeet-Höhe, damit sie sicher verankert werden können. In weichen Böden empfiehlt sich eine Tiefe von bis zu 50 cm.

5. Pfostenanker verwenden: Zur langfristigen Stabilität können Pfostenanker verwendet werden, die im Boden einbetoniert werden. Dies sorgt für bei intensiver Nutzung für zusätzliche Standfestigkeit.

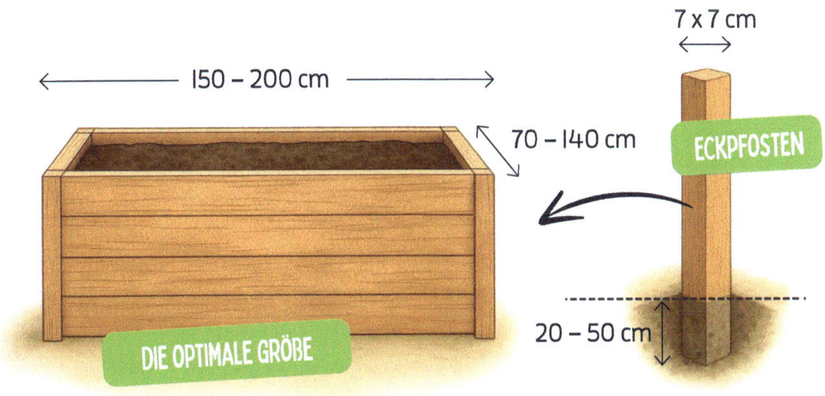

Aufbau der Hochbeet-Wände

Erste Bretterreihe

1. Lege die unteren Bretter horizontal zwischen die Eckpfosten.

2. Befestige die Bretter mit Edelstahlschrauben, um Rostbildung zu vermeiden. Schraube dabei von außen durch die Bretter in die Pfosten.

3. Kontrolliere mit der Wasserwaage, dass die Bretter gerade ausgerichtet sind.

Weitere Bretterreihen

1. Setze die Bretter schichtweise auf die unterste Reihe.

2. Verschraube jedes Brett an den Eckpfosten. Arbeite dabei von unten nach oben, bis die gewünschte Höhe erreicht ist.

Stabilität erhöhen (optional)

> **TIPP:**
> Um die Stabilität zu erhöhen, verwende Eckwinkel, um die Verbindung zwischen Brettern und Pfosten zu verstärken. Diese zusätzliche Maßnahme sorgt für eine noch robustere Konstruktion.

Schutzmaßnahmen im Hochbeet

Drahtgitter anbringen

1. Befestige ein feinmaschiges, feuerverzinktes Drahtgitter an der Innenseite der unteren Bretterreihe.

2. Ziehe das Gitter straff und fixiere es mit Unterlegscheiben oder Krampennägeln. Dies schützt effektiv vor

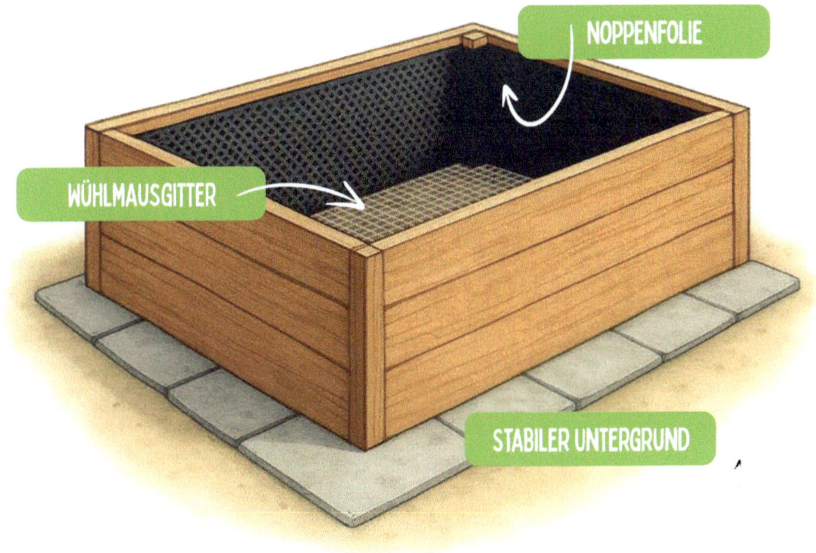

Schädlingen wie Wühlmäusen und Maulwürfen.

Innenauskleidung

Um das Holz vor Feuchtigkeit zu schützen, tackere eine Schicht Noppenfolie oder Teichfolie von innen an die Holzbretter. Achte dabei darauf, dass du die Folie so anbringst, dass sie nicht über die Oberkante des Hochbeets hinausragt.

Endkontrolle

Überprüfe, ob alle Schrauben fest sitzen und das Hochbeet stabil steht.

FÜLLUNG DES HOCHBEETS

Die Schichtung eines Hochbeets folgt einem klaren Aufbau, der optimale Wachstumsbedingungen für Pflanzen schafft. Jede Schicht hat eine spezifische Funktion, von der Entwässerung über die Nährstoffversorgung bis hin zur Stabilität des Beets. Hier ist ein ausführlicher Überblick über die empfohlenen Schichten, Materialien und wichtige Zusatzinformationen:

1. Drainageschicht (ganz unten)

Die Drainageschicht ist ein essenzieller Bestandteil eines Hochbeets, da sie für eine gute Entwässerung sorgt und Staunässe verhindert, die zu Wurzelschäden führen könnte. Sie bildet die Basis des Hochbeets und fördert gleichzeitig die Belüftung der unteren Schichten. Für die Drainageschicht eignen sich Materialien wie grober Schotter, Kies, Tonscherben oder grob gehacktes Holz, beispielsweise dickere Äste, Zweige oder Baumschnitt. Die Schicht sollte etwa 20 cm dick sein, um eine ausreichende Drainage zu gewährleisten. Lege die Drainageschicht direkt auf das Drahtgitter.

2. Grobe organische Schicht

Diese Schicht sorgt für Stabilität und eine verbesserte Belüftung im Hochbeet. Sie besteht aus organischem Material, das langsam verrottet und dabei langfristig Nährstoffe an die Pflanzen abgibt. Geeignete Materialien sind Holzschnitt wie kleinere Äste und Zweige, Rindenmulch sowie grobe Pflanzenreste, etwa Staudenreste oder dickere, verholzte Zweige. Die Schicht sollte 20 bis 30 cm dick sein, um ihre Funktion optimal zu erfüllen.

3. Kompostierbare Schicht

In dieser Schicht wird feineres organisches Material verwendet, das während seines Zersetzungsprozesses wertvolle Nährstoffe freisetzt und so die Bodenfruchtbarkeit fördert. Geeignete Materialien sind halb reifer Kompost, Herbstlaub (außer Walnuss- und Eichenlaub), Rasenschnitt in dünnen Schichten, um Fäulnisbildung zu vermeiden, sowie gehäckselte Sträucher und nicht verholzte Pflanzenreste wie Gemüsereste, Kartoffelschalen oder Blumenabfälle. Die Schicht sollte eine Dicke von 20 bis 30 cm aufweisen, um ihre Funktion optimal zu erfüllen.

4. Kompost- oder Humusschicht

Diese Schicht ist eine zentrale Nährstoffquelle im Hochbeet und bildet den Übergang zur Pflanzschicht. Sie verbessert die Bodenstruktur und enthält bereits zersetzte organische Stoffe, die den Pflanzen wertvolle Nährstoffe liefern. Geeignete Materialien sind reifer, idealerweise gesiebter Kompost, gut zersetzter Rinder- oder Pferdemist als zusätzliche Nährstoffquelle sowie hochwertiger Humus. Die Schicht sollte etwa 20 cm stark sein.

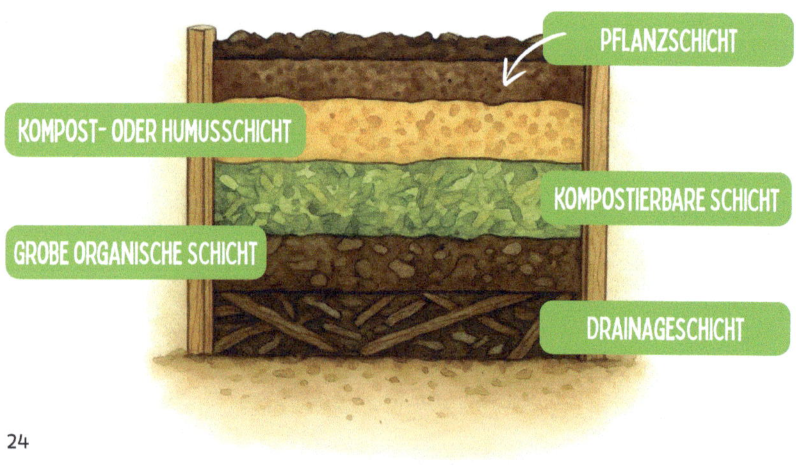

5. Pflanzschicht (oberste Schicht)
Die oberste Schicht des Hochbeets bildet die Pflanzfläche und sorgt für optimale Wachstumsbedingungen. Sie sollte nährstoffreich, gut durchlüftet und strukturstabil sein, um den Pflanzen eine ideale Grundlage zu bieten. Als Material eignet sich hochwertige Gartenerde oder Komposterde, die eine Schichtdicke von 20 bis 30 cm erreichen sollte.

VIDEO:
Hochbeet (aus Palettenrahmen) befüllen inkl. Geheimzutaten für größere Ernte →https://youtu.be/TpYBOeQ_L5Q

Was einfüllen, wenn kaum Füllmaterial vorhanden ist?

Nicht in jedem Garten steht ausreichend Füllmaterial für ein Hochbeet zur Verfügung. Gerade in den Gärten von Reihenhäusern oder kleinen Schrebergärten fehlt es an Materialien, mit denen sich das Beet befüllen lässt. Das ist aber kein Grund, das Projekt aufzugeben, wie ich dir in diesem Video zeige:

VIDEO:
Hochbeet befüllen, ABER kaum Füllmaterial vorhanden! Was tun? →https://www.youtube.com/watch?v=YCqClikvqUg

Um optimale Bedingungen für Pflanzen im Hochbeet zu schaffen, musst du eine durchdachte Schichtung anlegen. Falls du die nötigen Materialien nicht sofort parat hast, gebe ich dir einige praktische Tipps, wie du sie günstig oder sogar kostenlos beschaffen kannst:

1. Materialien bei der Gemeinde erfragen
Viele Gemeinden bieten Gartenmaterialien wie Holzschnitzel, Kompost oder sogar Laub kostenlos oder gegen eine geringe Gebühr an. Ein kurzer Anruf bei deiner Gemeindeverwaltung lohnt sich, um herauszufinden, ob solche Ressourcen verfügbar sind. Oft kannst du diese Materialien selbst abholen und so Kosten sparen.

2. Aushang in einer Kleingartenanlage
In Kleingartenanlagen gibt es immer Hobbygärtner, die Gartenreste wie Äste, Zweige, Laub oder Kompost übrig haben. Erstelle einen freundlichen Aushang mit einer kurzen Beschreibung deines Vorhabens und deinen Kontaktdaten. Hänge diesen

Aushang an den Informationstafeln der Kleingartenanlage auf. Viele Gärtner sind dankbar, wenn sie ihre überschüssigen Gartenabfälle loswerden können.

3. Anzeigen auf Online-Kleinanzeigen-Portalen

Online-Plattformen wie Kleinanzeigen, Facebook Marketplace oder andere lokale Kleinanzeigen-Portale sind eine hervorragende Möglichkeit, um kostenlose oder günstige Materialien für dein Hochbeet zu finden. Formuliere eine Anzeige, in der du nach Gartenresten wie Holzstücken, Laub oder Ästen suchst. In vielen Fällen wirst du fündig, da Gärtner oft froh sind, wenn sie diese Reste nicht selbst entsorgen müssen.

4. Hochbeet-Grundfüllung im Handel kaufen

Falls du keine kostenlosen Materialien findest, gibt es im Gartenhandel spezielle Hochbeet-Grundfüllungen zu kaufen. Diese bestehen oft aus Holzresten, die sich perfekt als untere Schicht für dein Hochbeet eignen. Achte darauf, dass diese Materialien unbehandelt sind, um keine Schadstoffe in dein Beet einzubringen.

5. Materialien aus Erdenwerken beziehen

Erdenwerke sind eine hervorragende Anlaufstelle, um hochwertige Materialien für dein Hochbeet zu beschaffen. Viele dieser Werke bieten spezielle Mischungen wie Kompost, Muttererde, Rindenmulch oder Substrate an, die sich ideal für die Schichtung eines Hochbeets eignen. Oft werden diese Materialien auch in verschiedenen Körnungen angeboten, sodass du genau die richtige Grundlage für deine Pflanzen schaffen kannst.

Erdenwerke haben den Vorteil, dass sie größere Mengen zu günstigen Preisen anbieten, was besonders praktisch ist, wenn du mehrere Hochbeete anlegen möchtest. Einige Betriebe bieten sogar einen Lieferservice an, sodass du dir die Materialien direkt nach Hause bringen lassen kannst. Informiere dich am besten bei regionalen Erdenwerken in deiner Nähe über das Angebot. Viele von ihnen unterstützen Hobbygärtner mit professionellen Tipps zur richtigen Schichtung und Materialwahl.

TIPP:
Sammle Blätter im Herbst.

Wenn du im Frühjahr ein Hochbeet anlegst, sind die meisten Blätter vom Vorjahr bereits entsorgt oder verrottet. Um dennoch auf diese wertvolle Ressource zurückzugreifen, sammle dein Herbstlaub am Jahresende in Plastiksäcken und lagere es bis zum Frühjahr. Die Blätter beginnen im Sack zu verrotten und sind dann ideal für die mittlere Schicht deines Hochbeets. So kannst du organisches Material wiederverwenden und sparst Geld.

Welches Laub sollte nicht in Hochbeete gefüllt werden?

Walnusslaub

Walnussblätter enthalten das natürliche Toxin Juglon, welches das Wachstum vieler Pflanzen hemmen kann. Zwar wird dieses Gift im Laufe der Zeit durch Mikroorganismen abgebaut, jedoch dauert der Zersetzungsprozess relativ lange. Walnusslaub sollte deshalb nur in kleinen Mengen und ausschließlich gut kompostiert verwendet werden. Frisch ins Hochbeet eingebracht, kann es empfindliche Pflanzen schädigen.

Eichenlaub

Eichenblätter sind reich an Gerbsäuren (Tanninen), die den pH-Wert des Bodens senken und die Zersetzung verlangsamen. Für die meisten Pflanzen ist ein saurer Boden ungünstig, weshalb Eichenlaub nur in kleinen Mengen und gut kompostiert verwendet werden sollte. Es eignet sich besonders für Moorbeetpflanzen wie Rhododendron oder Heidelbeeren, bei Gemüse sollte es jedoch nur sehr begrenzt eingesetzt werden.

Kastanienlaub

Kastanienblätter sind häufig von Schädlingen wie der Miniermotte befallen, deren Larven im Laub überwintern. Befallenes Laub sollte auf keinen Fall in den Kompost oder das Hochbeet gelangen, da sich die Schädlinge sonst weiter ausbreiten. Es sollte idealerweise in der Biotonne entsorgt oder verbrannt werden, je nach lokalen Vorschriften. Nicht befallenes Kastanienlaub kann nach vollständiger Kompostierung verwendet werden, sollte jedoch sparsam eingesetzt werden.

Pappel- und Weidenlaub

Die Blätter von Pappeln und Weiden zersetzen sich recht langsam und enthalten viele Gerbstoffe. Daher sollten sie nur in kleinen Mengen auf den Kompost oder ins Hochbeet gegeben werden. Sie eignen sich gut für bodenstabilisierende Pflanzen, da die langsame Zersetzung für eine längere Nährstofffreisetzung sorgt.

Kirschlorbeer

Die ledrigen Blätter des Kirschlorbeers enthalten cyanogene Glykoside, die bei der Zersetzung giftige Stoffe wie Blausäure freisetzen. Zudem verrotten die Blätter nur sehr langsam. Daher ist Kirschlorbeerlaub für Hochbeete und den Kompost völlig ungeeignet und sollte in der Biotonne entsorgt werden.

Nadelbaumlaub

Nadelbaumlaub, z. B. von Kiefern oder Fichten, enthält viele Harze und ist stark sauer, wodurch es den Boden versauern kann. Auch zersetzt es sich sehr langsam. Für Gemüse- und Hochbeete ist Nadelbaumlaub daher ungeeignet. Eine sparsame Nutzung als Mulchmaterial ist jedoch für säureliebende Pflanzen wie Heidelbeeren oder Azaleen möglich. Für den allgemeinen Gartenkompost sollte Nadelbaumlaub nur in geringen Mengen verwendet werden, um das Säurelevel nicht zu stark zu beeinflussen.

VERMEIDE DIESE FEHLER BEIM BAU DEINES HOCHBEETS!

Fehler Nummer 1:
falsche Höhe und Breite
Egal, woraus du dein Beet letztlich baust, ob aus Paletten, Holz, Metall oder Plastik: Überlege dir vorab, wie hoch und breit es sein soll. Wenn du ohnehin Rückenschmerzen hast, bereits älter bist oder täglich schwer arbeitest, wähle die Höhe so, dass du nicht knien und dich auch nicht bücken musst. Ideal ist es, wenn du alle Arbeiten im Stehen erledigen und jede Ecke des Beets bequem erreichen kannst.

Neben der Höhe ist auch die Breite entscheidend: Nichts ist nerviger, als wenn du halb in das Hochbeet kriechen musst, um das Unkraut aus den hinteren Ecken zu entfernen oder dort dein Gemüse zu ernten. Zu breit darf es deshalb ebenfalls nicht sein.

Fehler Nummer 2:
der falsche Standort
Die Sonneneinstrahlung ist essenziell für einen erfolgreichen Gemüseanbau, denn das Erdreich braucht ausreichend Wärme. Deshalb: Baue dein Hochbeet dort, wo es nicht von Bäumen oder Häusern beschattet wird. Nach Möglichkeit richtest du die Längsseite nach Süden aus, weil sich dadurch im Frühling die Erde im Hochbeet schnell erwärmt.

Fehler Nummer 3:
mehrere Hochbeete stehen zu eng
Planst du, mehrere Hochbeete im Garten anzulegen? Dann achte auf den Abstand! Im Idealfall kannst du dich bequem zwischen sie stellen oder knien und beide gut erreichen. Lass genügend Raum, sodass du beispielsweise einen Eimer für das Unkraut zwischen die Beete stellen kannst. Ich habe schon oft gesehen, dass die Hochbeete so eng sind, dass eine bequeme Arbeit nicht möglich ist. Das solltest du lieber vermeiden!

Fehler Nummer 4:
ungeeignete Erde
Ein Pluspunkt des Hochbeets ist, dass du optimale Bedingungen für deine Pflanzen herstellen kannst, die du so im Garten nicht hättest. Deshalb solltest du auch nicht einfach die Erde ins Hochbeet füllen, die du im Garten hast. Ist sie zu nährstoffarm, zu sandig oder zu lehmig, holst du dir diese Nachteile direkt in dein Gemüsebeet. Verwende daher für die obere Pflanzschicht am besten spezielle Hochbeet-Erde. Sie ist optimal auf die Bedingungen im Hochbeet abgestimmt und bietet deinen Pflanzen alles, was sie brauchen.

Fehler Nummer 5: zu wenig Wasser

Gerade in den warmen Sommermonaten gießen viele Hobbygärtner ihre Hochbeete zu selten. Bei Temperaturen über 30 Grad bewässere ich mein Beet tatsächlich morgens und abends großzügig. Die Verdunstung ist im Hochbeet nämlich besonders hoch.

> **TIPP:**
> Prüfe regelmäßig die Feuchtigkeit im Boden, indem du mit dem Finger hineinfährst und schaust, wie sich das Erdreich anfühlt.

Denke also daran: Regelmäßige Wassergaben sind das A und O für eine gute Ernte!

Fehler Nummer 6: kein Schneckenschutz

Schneckenprävention ist im Hochbeet essenziell, weil du sonst bei der Ernte richtige Probleme bekommen kannst. Sobald du Fraßspuren an deinen Pflanzen findest, schau mal genau, wo sich die Schnecken verstecken. Folgende Bereiche solltest du genauer prüfen:

- Beetränder
- Mulch
- Außenseite des Beets

Das bedeutet, dass der Bewuchs an der Außenseite des Hochbeets – beispielsweise Gras, Unkraut oder andere Pflanzen – den Schnecken tagsüber einen idealen Unterschlupf bietet. Dort können sie sich vor der Sonne und Fressfeinden verstecken. Nachts, wenn es feuchter und kühler ist, kommen sie hervor, kriechen an den Seitenwänden des Hochbeets hoch und fressen die Pflanzen darin an. Am Morgen ziehen sie sich wieder in den Bewuchs zurück.

Dieses Problem vermeidest du, wenn du den Bereich rund um das Hochbeet möglichst frei von Bewuchs hältst, z. B. durch Rindenmulch, Kies oder eine gepflasterte Fläche. Das erschwert den Schnecken den Zugang und minimiert ihre Versteckmöglichkeiten.

> **TIPP:**
> Halte den Bereich rund um das Hochbeet sauber, hacke ihn regelmäßig und fülle Holzhackschnitzel auf. So haben Schnecken kaum eine Chance, sich irgendwo festzusetzen.

Fehler Nummer 7: fehlender Kälteschutz

Viele Gärtner errichten auf ihren Hochbeeten keinen Kälteschutz – was mich offen gestanden sehr verwundert. Dabei lässt sich ein solcher Schutz wirklich problemlos bewerkstelligen: Montiere an der Längsseite eine Plane. Errichte dann in der Mitte an zwei Holzlatten eine Stange, damit die Folie nicht direkt auf den Pflanzen liegt. Fertig! Ich decke meine Hochbeete im Frühjahr jede Nacht ab – vor allem, wenn noch Spätfröste drohen. Das vermeidet nachts einen Kälteschock, der zu einem Wachstumsstopp der Pflanzen führt.

WIE PFLEGST DU DAS HOCHBEET, DAMIT ES VIELE JAHRE HÄLT?

Dein Hochbeet steht? Perfekt! Jetzt kommt es auf eine gute Wartung und Pflege an, damit du dich lange daran erfreuen kannst. Das betrifft zum einen den Rahmen des Beets und zum anderen den Boden darin. Ich habe meine besten Tipps für dich gesammelt, mit denen du dein Beet bei minimalem Zeitaufwand langfristig erhalten kannst.

PFLEGE VON HOCHBEETEN AUS HOLZ

Ein Hochbeet aus Kunststoff, Stein oder Metall ist deutlich pflegeleichter als die Variante aus Holz. Das Beet mit einer Einfassung aus Holz benötigt etliche Pflege- und Wartungsmaßnahmen, wenn es viele Jahre halten soll. Was zu tun ist, erzähle ich dir jetzt.

Schutz vor Feuchtigkeit und Bodenkontakt

Holz ist ein beliebtes Material für Hochbeete, doch seine Langlebigkeit hängt stark von der richtigen Pflege und dem Schutz vor Feuchtigkeit ab. Besonders im Außenbereich, wo das Holz ständig der Witterung ausgesetzt ist, kann Feuchtigkeit schnell zu Fäulnis führen. Mit den richtigen Maßnahmen kannst du jedoch dafür sorgen, dass dein Hochbeet viele Jahre hält und dabei auch optisch ansprechend bleibt.

Die Wahl des richtigen Holzes spielt dabei eine zentrale Rolle. Harthölzer wie Eiche, Robinie oder Lärche sind von Natur aus widerstandsfähig gegen Feuchtigkeit und Witterungseinflüsse. Diese Hölzer benötigen in der Regel keine zusätzliche Behandlung mit Lasuren oder Holzschutzmitteln, da ihre natürliche Härte und Dichte einen zuverlässigen Schutz bieten. Anders sieht es bei Weichhölzern wie Fichte oder Kiefer aus. Diese sind zwar günstiger und leichter zu verarbeiten, jedoch anfälliger für Feuchtigkeit. Deshalb müssen sie mit einem geeigneten Holzschutz versehen werden.

Außerdem ist der Schutz vor Feuchtigkeit und direktem Bodenkontakt wichtig. Ständige Nässe ist der größte Feind von Holz, da sie die Zersetzung beschleunigt. Um das zu verhindern, solltest du dein Hochbeet leicht erhöht aufstellen. Dafür kannst du Unterlegklötze, Steine oder eine Drainageschicht verwenden. So bleibt das Holz von unten trocken und Wasser kann ungehindert ablaufen. Zusätzlich sollte das Innere des Hochbeets mit einer Noppenfolie oder Teichfolie ausgekleidet werden.

Diese schützt die Holzwände vor der ständigen Feuchtigkeit durch Erde und Gießwasser, ohne ihre Atmungsfähigkeit zu beeinträchtigen.
Bevor du ein Hochbeet aus Holz aufstellst, insbesondere aus Fichte oder Kiefer, solltest du das Holz gründlich behandeln, um es gegen Feuchtigkeit und Schimmel zu schützen. Diese Weichhölzer sind von Natur aus weniger witterungsbeständig, profitieren aber von einer effektiven Behandlung, die ihre Lebensdauer deutlich verlängert.

Möglichkeiten zur Holzbehandlung

1. Umweltfreundliche Holzlasuren

Umweltfreundliche Lasuren auf Wasserbasis sind ideal, da sie das Holz schützen und gleichzeitig das natürliche Erscheinungsbild bewahren. Sie bilden eine schützende Schicht, die das Eindringen von Wasser und Schmutz verhindert. Wähle eine Lasur, die als schadstoffarm deklariert ist, damit sie keine negativen Auswirkungen auf die Erde im Hochbeet hat.

2. Holzöl

Holzöle, z. B. Leinöl oder Hartöl, dringen tief in die Holzfasern ein und bieten einen lang anhaltenden Schutz. Sie sind eine gute Alternative, wenn du eine rein natürliche und umweltfreundliche Behandlung bevorzugst. Das Öl sorgt für Feuchtigkeitsresistenz und verhindert, dass das Holz rissig oder spröde wird.

3. Natürliche Imprägnierungsmittel

Einige natürliche Behandlungen wie Bienenwachs oder eine Mischung aus Leinöl und Naturharz sind ebenfalls schonend für die Umwelt und schützen das Holz effektiv. Diese sind besonders für Hochbeete geeignet, da sie keine schädlichen Stoffe in den Boden abgeben.

Anwendungstipps

- Trage die Schutzmittel großzügig auf, besonders an Kanten, Schnittstellen und Bereichen, die stark der Feuchtigkeit ausgesetzt sind.
- Lass die Lasur oder das Öl gut einziehen und vollständig trocknen, bevor du das Hochbeet mit Erde füllst. So vermeidest du, dass Rückstände in den Boden gelangen.
- Wiederhole die Behandlung alle ein bis zwei Jahre, um den Schutz des Holzes aufrechtzuerhalten.

Auswirkungen auf die Erde im Hochbeet

Wenn du umweltfreundliche und schadstofffreie Produkte verwendest, bleibt die Erde im Hochbeet unbedenklich für Pflanzen und Mikroorganismen. Vermeide unbedingt herkömmliche Lasuren oder Holzschutzmittel mit Lösungsmitteln oder chemischen Zusätzen, da diese Stoffe über die Zeit in die Erde gelangen und die Bodenqualität beeinträchtigen könnten.

Innenauskleidung

Ebenfalls wichtig, um die Lebensdauer des Holzes vor allem bei Hochbeeten aus Fichte und Kiefer zu verlängern, ist die Auskleidung des Innenraums. Dafür eignet sich eine Schutzfolie wie Noppen- oder Teichfolie. Sie verhindert, dass Feuchtigkeit vom Regen oder Gießen direkt auf das Holz trifft. Bringe die Folie schon vor dem Befüllen an. Stelle sicher, dass sie gut an den Innenwänden anliegt, aber nicht zu straff gespannt ist. Tackere die Folie an mehreren Stellen fest, weil sie sonst leicht verrutscht. Die Innenauskleidung muss bis zur Oberkante des Beets reichen, damit keine Erde zwischen Holz und Folie gelangt.

Regelmäßige Kontrolle

Generell gilt bei Holz im Außenbereich: Kontrolliere regelmäßig den Zustand des Holzes. Mindestens einmal pro Saison solltest du dir den Holzrahmen anschauen. Prüfe ihn dabei auf Anzeichen von Verrottung, Schimmel oder Schädlingsbefall. Besonders gefährdete Stellen sind die Ecken und Kanten. Ist das Holz schon an einigen Stellen befallen, lassen sich kleinere Schäden mit Holzspachtelmasse ausbessern. Größere Schadstellen erfordern oftmals einen Austausch der betroffenen Holzteile.

Winterpflege

Zu den Maßnahmen, um dein Hochbeet lange zu erhalten, gehört auch ein effektiver Winterschutz. Je nach Witterung und Standort rate ich dazu, das Beet mit einer Plane abzudecken. So kannst du es vor Schnee und Eis schützen.

GRUNDLAGE FÜR EIN GUTES WACHSTUM: „PFLEGE" DER ERDE IM HOCHBEET

Ein gesundes Hochbeet beginnt mit einer nährstoffreichen, lebendigen Erde, denn nur ein gut versorgter Boden kann Pflanzen optimal mit Wasser und Nährstoffen beliefern. Im Laufe der Zeit werden die vorhandenen Nährstoffe durch das Wachstum der Pflanzen verbraucht, während Mikroorganismen und Bodenlebewesen die organische Substanz zersetzen und in pflanzenverfügbare Formen umwandeln. Damit das Hochbeet langfristig ertragreich bleibt, ist eine regelmäßige Bodenpflege unerlässlich.

MUSS EIN HOCHBEET GEDÜNGT WERDEN?

Für eine ertragreiche Ernte ist es natürlich wichtig, deine Pflanzen richtig zu düngen. Aber wie oft? Womit? Und wann? Diese Fragen stellt sich wohl jeder Garteneinsteiger früher oder später. Es ist nämlich nicht damit getan, ein beliebiges Düngemittel ins Hochbeet einzuarbeiten und dann abzuwarten. Da gehört schon ein bisschen mehr dazu! Deshalb gehen wir diesem Thema jetzt gemeinsam auf den Grund.

Übrigens: Zum richtigen Düngen im Hochbeet habe ich schon ein Video aufgenommen, in dem du etliche Infotafeln findet, die dir das Thema noch näherbringen. Schau einfach mal rein:

VIDEO:
HOCHBEET natürlich DÜNGEN – Wann, wie oft, womit? →https://www.youtube.com/watch?v=SqJr5ZZxZNQ

Wann düngen?
Bringe im Frühjahr eine dünne Schicht Kompost oder vorgedüngte Erde auf die oberste Schicht des Hochbeets auf. Das versorgt deine Pflanzen direkt mit den nötigen Nährstoffen.

Wiederhole im Spätsommer oder Frühherbst die Kompostgabe, um die Nährstoffe aufzufrischen und deine Pflanzen bis zum Saisonende zu unterstützen.

TIPP:
Hast du Starkzehrer wie Tomaten oder Zucchini im Hochbeet, kannst du zusätzlich alle 2 bis 3 Monate einen organischen Dünger wie Hornspäne oder Brennnesseljauche verwenden. Das sorgt für üppiges Wachstum.

MUSS EIN HOCHBEET GEMULCHT WERDEN?

Das Mulchen eines Hochbeets bietet zahlreiche Vorteile, sowohl für die Pflanzen als auch für das Bodenleben. Eine Mulchschicht direkt auf der Erde hilft dabei, die Feuchtigkeit im Boden zu speichern, wodurch das Gießen reduziert wird. Gleichzeitig schützt sie den Boden vor Erosion durch Wind oder starken Regen und verhindert, dass die Erde durch Sonneneinstrahlung austrocknet. Darüber hinaus unterdrückt Mulch das Wachstum von Unkraut und sorgt dafür, dass deine Pflanzen mehr Nährstoffe und Platz zum Wachsen haben.

Ein weiterer Vorteil ist die Unterstützung des Bodenlebens. Mulch besteht aus organischem Material, das von Bodenlebewesen wie Regenwürmern und Mikroorganismen nach und nach zersetzt wird. Dieser Prozess reichert die Erde mit wertvollen Nährstoffen an, verbessert die Bodenstruktur und fördert ein gesundes Bodenmikroklima, in dem deine Pflanzen optimal gedeihen können.

Womit kann man ein Hochbeet mulchen?
Es gibt verschiedene Materialien, die sich hervorragend als Mulch eignen, je nach Verfügbarkeit und Vorlieben:

- **Rasenschnitt:** Dünn aufgetragen, eignet er sich gut, um Feuchtigkeit zu speichern und Nährstoffe freizusetzen. Rasenschnitt zersetzt sich schnell und ist ideal für Pflanzen, die viele Nährstoffe benötigen.

- **Kleingehäckseltes Stroh:** Perfekt für Gemüse wie Gurken oder Zucchini. Es schützt den Boden und hat eine isolierende Wirkung, bleibt aber länger stabil als Rasenschnitt.

- **Getrocknete Blätter:** Eine natürliche und kostenlose Option, die ebenfalls Feuchtigkeit speichert und das Bodenleben unterstützt. Besonders gut für Herbstmulch geeignet.

- **Holzhackschnitzel:** Sie zersetzen sich langsam und sind ideal als langfristiger Schutz. Sie eignen sich gut für Hochbeete mit Stauden oder mehrjährigen Kräutern.

- **Kakaoschalen:** Diese dekorative und duftende Mulchart schützt vor Austrocknung und reichert den Boden mit Nährstoffen an. Achtung: Nicht in Haushalten mit Haustieren verwenden, da Kakaoschalen giftig für Hunde sein können.

Wann sollte gemulcht werden?
Das Mulchen deines Hochbeets ist während der gesamten Gartensaison sinnvoll:

- **Im Frühjahr**, nachdem die Erde sich erwärmt hat, schützt Mulch die Pflanzen vor Temperaturschwankungen und bewahrt die Bodenfeuchtigkeit.

- **Im Sommer**, wenn Hitze und

Trockenheit eine Herausforderung darstellen, verhindert Mulch das Austrocknen und reduziert den Wasserbedarf.

Im Herbst, nach der Ernte, kannst du das Beet mit einer Mulchschicht aus getrockneten Blättern oder Stroh abdecken, um den Boden auf den Winter vorzubereiten. Dies schützt vor Frost und sorgt dafür, dass die Erde Nährstoffe speichert.

Das Mulchen eines Hochbeets ist eine einfache, aber äußerst effektive Maßnahme, um die Gesundheit deines Bodens zu fördern, die Pflanzen zu unterstützen und deine Gartenarbeit zu erleichtern. Mit Materialien wie Rasenschnitt, Stroh oder Blättern kannst du die Vorteile gezielt an die Bedürfnisse deiner Pflanzen und die Jahreszeit anpassen.

TIPP:
Bevor du dein Hochbeet in den Winterschlaf schickst, schütze im Herbst die Erde mit einer dicken Mulchschicht aus Blättern.

WAS TUN, WENN DAS HOCHBEET ABSACKT?

Es ist völlig normal, dass ein Hochbeet im Herbst oder über den Winter absackt. Dieser Prozess entsteht durch das natürliche Verrotten der organischen Schichten im Inneren des Beets. Besonders die unteren Schichten aus Holzschnitt, Kompost und Pflanzenresten zersetzen sich über die Zeit und verlieren an Volumen. Zusätzlich verdichtet sich das Material durch den Druck der oberen Schichten und durch Feuchtigkeit. Dieses Absacken zeigt, dass die Zersetzung wie geplant abläuft und im Beet langfristig wertvolle Nährstoffe freigesetzt werden. Im Frühjahr kann das Hochbeet einfach mit frischer Erde oder Kompost aufgefüllt werden, um es wieder auf die gewünschte Höhe zu bringen.

Wann muss ein Hochbeet wieder aufgefüllt werden?

Ein Hochbeet kann im Herbst nachgefüllt werden, da zu dieser Zeit oft Materialien wie Herbstlaub, frischer Kompost und gehäckselte Pflanzenreste in ausreichender Menge verfügbar sind. Dies bietet eine ideale Gelegenheit, das Beet mit organischem Material zu befüllen und für die nächste Saison vorzubereiten. Es ist jedoch normal, dass das Hochbeet über den Winter weiter absackt, da die organischen Schichten sich durch Verrottung und Verdichtung setzen. Im Frühjahr kann das Beet daher nochmals mit Pflanzerde oder Kompost aufgefüllt werden, um die gewünschte Höhe zu erreichen.

Alternativ kann das Hochbeet auch im sehr zeitigen Frühjahr – je nach Witterung Ende Februar oder Anfang März – mit Komposterde aufgefüllt werden. So hat das Material genügend Zeit, sich vor der ersten Aussaat zu setzen und ein stabiles Pflanzbett zu bilden. Beide Ansätze sorgen dafür, dass das Hochbeet optimal für die Gartensaison vorbereitet ist.

WIEVIEL ARBEIT MACHT DER ANBAU VON GEMÜSE IM HOCHBEET?

Generell braucht ein Hochbeet keine übermäßige oder besonders intensive Pflege. Aber ganz ohne Zuwendung funktioniert es natürlich nicht. Folgende Pflegemaßnahmen solltest du einplanen:

Tätigkeit	Zeitaufwand
Gießen	• täglich fünf bis zehn Minuten • im Hochsommer morgens und abends
Düngen	• genügt ein- bis zweimal im Jahr • etwa zehn Minuten
Unkraut jäten	• in der Regel ist wenig Unkraut im Hochbeet • einmal alle paar Wochen nachschauen • etwa zehn bis fünfzehn Minuten
Erde auffüllen	• regelmäßig im zeitigen Frühjahr • eine Stunde
Neu einschichten	• etwa alle fünf Jahre notwendig • ungefähr drei Stunden

AUSSAAT, PFLANZUNGEN UND PFLEGE

ANBAU UND ERNTE IM HOCHBEET: TIPPS FÜR EINE REICHE ERNTE

Dein Hochbeet ist aufgestellt und befüllt – jetzt beginnt der spannende Teil: das Aussäen, Pflanzen, Pflegen und Ernten! Egal, ob du gerade erst mit dem Gärtnern beginnst oder bereits Erfahrung hast, die richtige Planung und Pflege sind der Schlüssel zu einem erfolgreichen Ernteertrag.
Die Auswahl geeigneter Gemüsesorten spielt dabei eine entscheidende Rolle, da der begrenzte Platz im Hochbeet optimal genutzt werden sollte. Hochbeete bieten durch ihre nährstoffreichen Schichten und die gute Drainage ideale Bedingungen für viele Pflanzenarten, die gesund wachsen und üppige Erträge liefern können. Außerdem harmonieren manche Pflanzen besonders gut miteinander, was ein gesundes Pflanzenwachstum fördert.
Neben der Auswahl ist auch die richtige Pflege während der Saison wichtig, um die Pflanzen kräftig und widerstandsfähig zu halten. Einige Gemüsearten können mehrmals im Jahr geerntet werden, was den Nutzen deines Hochbeets maximiert. Zum Abschluss zeige ich dir, wann der optimale Zeitpunkt für die Ernte ist und wie du die frischen Erträge richtig lagerst, um ihre Qualität lange zu erhalten. Mit diesen Tipps holst du das Beste aus deinem Hochbeet heraus!

NÄHRSTOFFBEDARF

Stark-, Mittel- und Schwachzehrer – was bedeutet das?
Pflanzen werden nach ihrem Nährstoffbedarf in drei Gruppen eingeteilt: Starkzehrer, Mittelzehrer und Schwachzehrer. Diese Einteilung hilft, den Boden optimal zu nutzen und Überdüngung zu vermeiden.

- **Starkzehrer:** Sie benötigen viele Nährstoffe, da sie stark wachsen und oft eine lange Wachstumsphase haben. Starkzehrer sollten regelmäßig mit Kompost oder organischem Dünger wie Hornspänen oder Pflanzenjauche versorgt werden.

- **Mittelzehrer:** Diese Pflanzen haben einen mittleren Nährstoffbedarf und benötigen weniger Dünger als Starkzehrer. Sie profitieren von einem Boden, der bereits im Vorjahr von Starkzehrern genutzt wurde, da dieser noch ausreichend Nährstoffe bietet.

- **Schwachzehrer:** Diese Pflanzen sind anspruchslos und gedeihen auch in nährstoffärmerem Boden. Sie eignen sich perfekt für das dritte Jahr eines Hochbeets, wenn die Nährstoffe bereits stark abgebaut wurden.

Starkzehrer (hoher Nährstoffbedarf)

- Tomaten
- Paprika
- Zucchini
- Kürbis
- Gurken
- Kohlarten (z. B. Weißkohl, Rotkohl,
- Brokkoli, Blumenkohl, Rosenkohl)
- Lauch
- Sellerie
- Kartoffeln
- Basilikum

Mittelzehrer (moderater Nährstoffbedarf)

- Karotten
- Kopfsalat
- Rote Bete
- Zwiebeln
- Knoblauch
- Fenchel
- Radieschen
- Kohlrabi
- Spinat
- Mangold

Schwachzehrer (geringer Nährstoffbedarf)

- Kräuter (z. B. Schnittlauch, Petersilie, Dill, Koriander)
- Feldsalat
- Erbsen
- Bohnen
- Rucola
- Postelein

WELCHE GEMÜSESORTEN EIGNEN SICH BESONDERS GUT FÜR DAS HOCHBEET?

Das Hochbeet bietet aufgrund seiner erhöhten Lage und der lockeren, nährstoffreichen Erde ideale Bedingungen für den Gemüseanbau. Viele Pflanzen profitieren von der Wärme, die durch die Hochbeet-Konstruktion entsteht, sowie von der guten Drainage. Folgende beliebte Gemüsesorten gedeihen im Hochbeet hervorragend:

Salate und Blattgemüse

Pflücksalate, Kopfsalate, Spinat, Mangold und Rucola wachsen schnell und benötigen nur wenig Platz. Nach der Ernte treiben sie oft erneut aus, sodass du sie mehrfach nutzen kannst. Der nährstoffreiche Boden und die gleichmäßige Wasserversorgung im Hochbeet fördern ihr Wachstum.

Kräuter

Basilikum, Petersilie, Schnittlauch, Thymian und Rosmarin sind klassische Kräuter für das Hochbeet. Sie benötigen wenig Platz und lassen sich gut in Mischkultur anbauen. Ihre unterschiedlichen Ansprüche an Sonne und Wasser kannst du im Hochbeet durch gezielte Platzierung leicht berücksichtigen.

Tomaten, Chili, Paprika und Aubergine

Diese wärmeliebenden Nachtschattengewächse profitieren besonders von der schnelleren Bodenerwärmung im Hochbeet. Sie gedeihen hier hervorragend, wenn der Boden gut drainiert ist. Wichtig: Stütze die Pflanzen ausreichend und entferne regelmäßig Geiztriebe, um die Ernte zu maximieren.

Radieschen, Rote Bete und Karotten

Die lockere und gut durchlüftete Erde im Hochbeet ist ideal für Wurzelgemüse. Möhren wachsen besonders gleichmäßig, Rote Bete und auch Radieschen gedeihen schnell und unkompliziert.

Buschbohnen und Erbsen

Diese platzsparenden Hülsenfrüchte sind perfekte Kandidaten fürs Hochbeet. Sie binden Stickstoff im Boden, was die Nährstoffversorgung für benachbarte Pflanzen verbessert.

Zwiebeln und Knoblauch

Pflegeleicht und platzsparend lassen sich Lauchgewächse wunderbar in Mischkultur mit anderen Gemüsesorten anbauen. Zusätzlich wirken sie als natürlicher Schutz gegen Schädlinge, was den Pflanzen in ihrer Umgebung zugutekommt.

Kohlarten

Kleinere Kohlsorten wie Kohlrabi, Grünkohl und Brokkoli fühlen sich im Hochbeet wohl, benötigen aber etwas mehr Platz. Da Kohl viele Nährstoffe verbraucht, solltest du auf eine gute Düngung achten.

KANN MAN OBST IM HOCHBEET ANBAUEN?

Hochbeete werden in der Regel für Gemüse genutzt, aber auch bestimmte Obstsorten können angebaut werden. Besonders kompakte Pflanzenarten und Zwergsorten sind für Hochbeete geeignet, da sie wenig Platz beanspruchen und von der lockeren, gut durchlüfteten Erde profitieren. Es gibt zwar keine speziell für Hochbeete gezüchteten Obstsorten, doch einige harmonieren aufgrund ihrer Ansprüche besonders gut mit den Bedingungen im Hochbeet. Folgende Optionen sind sinnvoll:

Erdbeeren

Erdbeeren sind eine der beliebtesten Hochbeet-Pflanzen im Obstbereich. Sie benötigen einen sonnigen Standort und gut durchlässigen Boden, der das Wasser nicht staut. Der Vorteil: Erdbeerpflanzen tragen meist schon im ersten Jahr Früchte. Regelmäßiges Gießen und das Entfernen alter Blätter fördern die Fruchtbildung. Es ist ratsam, Erdbeerpflanzen alle zwei bis drei Jahre umzusetzen, um den Ertrag zu erhalten und Krankheiten vorzubeugen.

Falls du dich gewundert hast, warum Erdbeeren zum Obst zählen, ist hier die Erklärung: Erdbeeren zählen botanisch zum Obst, weil sie aus den bestäubten Blüten der Pflanze entstehen. Obst ist definiert als die essbaren Früchte von mehrjährigen Pflanzen – und da die Erdbeerpflanze mehrjährig ist, fällt sie in diese Kategorie. Obwohl die roten Früchte gemeinhin als „Beeren" bezeichnet werden, handelt es sich genau genommen um Sammelnussfrüchte – die kleinen, gelben „Kerne" auf der Oberfläche sind die eigentlichen Früchte.

Mini-Beerensträucher

Kompakte Sorten von Johannisbeeren, Himbeeren und Blaubeeren eignen sich hervorragend für Hochbeete. Sie wachsen platzsparend und gedeihen besonders gut in gut belüfteter, leicht saurer bis neutraler Erde. Ein Hochbeet ermöglicht es, die Bodenbedingungen optimal anzupassen – etwa durch die Zugabe von Kompost oder saurer Erde für Blaubeeren. Als zusätzlicher Vorteil können diese Obststräucher auch in Kübeln ins Hochbeet gestellt und eingepflanzt werden. So bleibt die Erde speziell auf ihre Bedürfnisse abgestimmt und sie fügen sich zugleich als dekoratives Highlight in das Hochbeet ein.

WELCHE PFLANZEN EIGNEN SICH WENIGER FÜR DAS HOCHBEET?

Nicht alle Pflanzen sind für den Anbau im Hochbeet ideal. Manche Arten benötigen aufgrund ihrer tiefen Wurzeln oder ihres großen Platzbedarfs mehr Raum, als ein Hochbeet bieten kann. Andere stellen besondere Anforderungen, die im Hochbeet schwer umzusetzen sind. Hier sind einige Beispiele für Pflanzen, die sich weniger gut im Hochbeet kultivieren lassen.

Kartoffeln

Kartoffeln wurzeln tief und breiten sich während ihres Wachstums stark aus. Hochbeete haben oft eine begrenzte Tiefe, was die Entwicklung der Knollen einschränken kann. Außerdem nehmen die Pflanzen viel Platz ein und könnten dadurch andere Kulturen im Hochbeet verdrängen. Eine Alternative ist der Anbau von Kartoffeln in einem Kartoffelturm oder in separaten Pflanzkisten.

Kürbis

Kürbispflanzen benötigen eine große Fläche, da ihre langen Triebe weit ausladend wachsen. Während die Wurzeln durchaus im Hochbeet Platz finden, könnten die rankenden Triebe den Platz für andere Pflanzen blockieren. Zusätzlich beschatten die großen Blätter benachbarte Pflanzen, was deren Wachstum beeinträchtigen kann.

TIPP:
Lass den Kürbis außerhalb des Hochbeets ranken, indem du ihn an den Rand pflanzt und die Triebe nach außen leitest.

Rotkohl und Weißkohl

Diese Kohlarten bilden große, dichte Köpfe und haben eine lange Wachstumsperiode. Sie benötigen viel Platz und tiefgründige Erde, um optimal zu gedeihen. In einem Hochbeet mit begrenztem Raum und Tiefe ist es schwierig, diese Voraussetzungen zu schaffen. Kleinere Kohlsorten wie Kohlrabi oder Grünkohl eignen sich hingegen besser für das Hochbeet.

Mais

Maispflanzen wachsen hoch und benötigen reichlich Platz in der Breite und Tiefe. Ihre tiefen Wurzeln und ihr hoher Wasserbedarf machen sie für das Hochbeet ungeeignet. Zudem beschatten sie mit ihrer Größe benachbarte Pflanzen, was deren Entwicklung hemmen kann.

Weitere Pflanzen, die sich weniger eignen

- **Stangenbohnen:** Sie benötigen viel Platz in Höhe und Tiefe und könnten andere Pflanzen beschatten.
- **Sonnenblumen:** Ihre tiefen Wurzeln und breite Wuchsform machen sie ebenfalls ungeeignet.
- **Artischocken:** Diese großblättrigen Pflanzen nehmen zu viel Platz ein und haben hohe Ansprüche an den Boden.

WELCHE PFLANZENARTEN BRINGEN MEHRMALS IM JAHR ERTRÄGE?

Einige Pflanzen eignen sich besonders gut für das Hochbeet, da sie mehrfach im Jahr geerntet werden können. Diese Pflanzen liefern dir nicht nur eine konstante Versorgung mit frischen Lebensmitteln, sondern maximieren auch die Nutzung des verfügbaren Platzes und der Ressourcen. Hier sind die besten Kandidaten für eine kontinuierliche Ernte in deinem Hochbeet:

Pflücksalat

Pflücksalat ist ein Klassiker im Hochbeet, da du ihn mehrfach ernten kannst, ohne die ganze Pflanze zu entfernen. Schneide einfach die äußeren Blätter ab, während das Herz unbeschädigt bleibt. Der Salat wächst kontinuierlich nach und liefert so über Wochen frische Blätter. Pflücksalat ist außerdem schnell wachsend, sodass du ihn nach wenigen Wochen erneut aussäen kannst, um eine fortlaufende Ernte zu gewährleisten.

Mangold

Mangold ist nicht nur pflegeleicht, sondern auch extrem ertragreich. Schneide die äußeren Blätter ab und die Pflanze bildet neue nach. So kannst du Mangold im Frühjahr, Sommer und Herbst ernten – oft sogar bis nach dem ersten Frost. Diese vielseitige Pflanze gedeiht auch bei kühleren Temperaturen und verlängert so die Erntesaison.

Remontierende Erdbeeren

Diese speziellen Erdbeersorten tragen mehrmals im Jahr Früchte. Nach der ersten Ernte im Frühling blühen und fruchten sie im Sommer und Herbst erneut. Mit regelmäßiger Pflege, Gießen und Düngen kannst du über die gesamte Saison hinweg frische Beeren ernten. Dadurch eignen sich remontierende Erdbeeren perfekt für Hochbeete.

Kräuter wie Basilikum und Schnittlauch

Viele Kräuter sind ideal für eine mehrfache Ernte. Basilikum beispielsweise benötigt einen regelmäßigen Rückschnitt der Spitzen, um neues Blattwachstum zu fördern und die Blütenbildung zu verhindern. Schnittlauch kannst du nach Bedarf abschneiden – die Pflanze wächst schnell nach und wird durch den regelmäßigen Schnitt buschiger und ertragreicher.

Grünkohl und Spinat

Beide Blattgemüse sind kältebeständig und ermöglichen mehrere Ernten im Jahr. Grünkohl kannst du bereits im frühen Herbst ernten. Bis zum Winterende bildet er neue Blätter. Spinat ist besonders schnell wachsend und eignet sich sowohl für die Aussaat im Frühling als auch für eine Herbstsaat, was dir zwei Ernteperioden ermöglicht.

Buschbohnen

Buschbohnen tragen nach kurzer Zeit Früchte, die du über mehrere Wochen hinweg regelmäßig ernten kannst. Diese platzsparende Pflanze ist ideal für Hochbeete und liefert kontinuierlich frische Hülsenfrüchte.

WO KAUFT MAN SAATGUT?

Saatgut kann in Gartencentern, Baumärkten, online oder sogar direkt bei spezialisierten Anbietern gekauft werden. Wer Wert auf Qualität und Nachhaltigkeit legt, sollte auf sortenfestes Saatgut achten. Für biologisches, hochwertiges und sortenfestes Saatgut empfehle ich Anbieter wie Dreschflegel, Bingenheimer Saatgut oder ähnliche Bio-Versandhäuser. Diese setzen auf nachhaltige Produktion und bieten eine große Auswahl an Gemüsesorten, Kräutern und Blumen für den Hausgarten.

Samenfestes Saatgut

Wer nachhaltig und umweltfreundlich gärtnern möchte, sollte zu samenfestem Bio-Saatgut greifen. Dieses Saatgut ist sortenfest, was bedeutet, dass die Pflanzen daraus wieder Samen hervorbringen, die auch in der nächsten Generation dieselben Eigenschaften und Merkmale aufweisen. Einfach gesagt: Wenn eine Tomatenpflanze rote Früchte produziert, kannst du die Samen ernten und im Folgejahr erneut aussäen – die neuen Pflanzen werden wieder rote Tomaten hervorbringen. Das Saatgut ist genetisch stabil und behält seine ursprünglichen Eigenschaften, was nicht nur zur Erhaltung der Sortenvielfalt beiträgt, sondern auch eine nachhaltige und kostensparende Selbstversorgung ermöglicht. Bio-Saatgut findet man in Gartenmärkten, Bioläden oder bei spezialisierten Online-Shops.

F1-Saatgut

F1-Hybriden sind speziell gezüchtete Pflanzensorten, die durch die gezielte Kreuzung zweier genetisch unterschiedlicher Elternlinien entstehen.

Diese Hybridsorten sind zwar nicht samenfest – das bedeutet, die Samen der geernteten Pflanzen bringen in der nächsten Generation keine einheitlichen oder sortentypischen Nachkommen hervor –, sie bieten jedoch viele Vorteile. FI-Hybriden zeichnen sich durch Eigenschaften wie einen hohen Ertrag, eine gleichmäßige Wuchsform, Krankheitsresistenz und eine oft verkürzte Wachstumszeit aus.

Ein Beispiel: Eine FI-Tomatenpflanze kann besonders große, perfekt geformte und schmackhafte rote Früchte hervorbringen. Würde man jedoch die Samen dieser Pflanze ernten und im nächsten Jahr aussäen, könnten die Nachkommen stark variieren – sie könnten kleinere, anders geformte oder andersfarbige Früchte tragen. Das liegt daran, dass das Saatgut genetisch nicht stabil ist. Deshalb müssen FI-Hybriden jedes Jahr neu gekauft werden. Ihre herausragenden Eigenschaften machen sie dennoch besonders interessant für Hobbygärtner, die auf schnelle und zuverlässige Ergebnisse setzen.

Landrassen: das lebendige Erbe unserer Gärten

Landrassen sind traditionelle, regional angepasste Sorten, die oft über viele Generationen hinweg durch gezielte Auslese oder natürliche Anpassung an lokale Bedingungen entstanden sind. Diese Sorten zeichnen sich durch ihre Robustheit, Anpassungsfähigkeit und oft durch eine besondere Geschmacksvielfalt aus. Sie sind optimal auf die klimatischen und bodenspezifischen Gegebenheiten ihrer Herkunftsregion abgestimmt und stellen eine wertvolle Ressource für den Erhalt der genetischen Vielfalt dar. Häufig werden Landrassen über informelle Netzwerke weitergegeben, etwa durch Nachbarn, Freunde oder auf lokalen Saatgut-Tauschbörsen.

In der EU regelt die Saatgutgesetzgebung die Zulassung und den Handel von Saatgut. Für den kommerziellen Verkauf ist eine Eintragung in nationale oder europäische Sortenregister verpflichtend, die teure Prüfverfahren erfordert. Landrassen erfüllen oft nicht die strengen Kriterien dieser Regelungen, da sie keine einheitlichen, stabilen Eigenschaften wie moderne Zuchtsorten aufweisen. Das hat zu der weitverbreiteten Befürchtung geführt, dass der Austausch von traditionellem Saatgut durch Hobbygärtner und Bauern innerhalb der EU verboten sein könnte.

Tatsächlich ist der private, nicht kommerzielle Austausch von Saatgut – wie er auf lokalen Tauschbörsen stattfindet – in der Regel erlaubt. Kritisch wird es nur, wenn Saatgut im großen Stil gehandelt wird, ohne den gesetzlichen Vorgaben zu entsprechen. Für den Erhalt von Landrassen hat die EU in den letzten Jahren jedoch Ausnahmeregelungen geschaffen. Unter bestimmten Bedingungen können Landrassen für den regional begrenzten Anbau oder den Erhalt der Biodiversität genutzt werden, ohne die hohen Anforderungen der Zulassung erfüllen zu müssen.

Einzelsaatgut oder Saatbänder

Samen werden in unterschiedlichen Formen geliefert, je nach Bedarf und Erfahrung des Gärtners. Am häufigsten findet man Einzelsaatgut, also lose Samen, die in Tütchen verpackt sind und einzeln ausgesät werden. Für Anfänger oder zur Erleichterung gibt es Saatbänder, bei denen die Samen bereits in optimalem Abstand in einem biologisch abbaubaren Band fixiert sind. Saatbänder sind besonders praktisch bei kleinen oder feinen Samen wie Karotten oder Radieschen, da sie das Vereinzeln der Pflanzen überflüssig machen und ein gleichmäßiges Wachstum fördern. Daneben gibt es Saatplatten oder Saathilfen wie Pillensaat, bei der die Samen mit einer schützenden Hülle versehen sind, die die Aussaat erleichtert. Die Wahl der Form hängt davon ab, wie präzise oder unkompliziert die Aussaat sein soll.

Vorgezogene Jungpflanzen: ein guter Start für den Garten

Vorgezogene Jungpflanzen bieten einen großen Vorteil, da sie den Wachstumsprozess bereits hinter sich haben, in dem Pflanzen besonders empfindlich sind. Dadurch spart man Zeit und kann schneller ernten. Viele Hobbygärtner ziehen ihre Jungpflanzen selbst vor, beispielsweise auf der Fensterbank oder im Gewächshaus. Das erfordert jedoch Erfahrung, da Faktoren wie Licht, Temperatur und Feuchtigkeit optimal abgestimmt werden müssen. Wer es einfacher möchte, kann vorgezogene Jungpflanzen im Gartenmarkt kaufen. Besonders beliebt ist diese Methode bei Pflanzen wie Tomaten, Paprika, Chili, Salat oder Kürbis, die eine lange Entwicklungszeit benötigen oder empfindlich auf Kälte reagieren. So gelingt der Start in die Gartensaison auch ohne langes Vorziehen!

TIPP:
Hier findest du eine Playlist auf meinem Youtube-Kanal zum Thema Jungpflanzenanzucht.
Dort erkläre ich dir ganz genau, wie du mit Kunstlicht, Heizmatte, Multitopfplatten und Pikierschalen deine eigenen Jungpflanzen vorziehen kannst.

VIDEO:
Playlist Jungpflanzenanzucht
→https://www.youtube.com/playlist?list=PLqOc5XRxjabtopzw7RS7WIhkiAduEIFBq

Für alle, die wenig Zeit haben oder sich das Vorziehen der Pflanzen sparen möchten, sind vorgezogene Jungpflanzen eine ideale Lösung. Diese kannst du in vielen Gartenmärkten, Baumärkten mit Gartenabteilung, auf Wochenmärkten oder direkt bei regionalen Gärtnereien kaufen. Auch online bieten spezialisierte Anbieter Jungpflanzen an, die sicher verpackt und direkt nach Hause geliefert werden.

Typische als Jungpflanzen erhältliche Pflanzen sind z. B.:

- **Gemüse:** Tomaten, Paprika, Gurken, Zucchini, Kohlrabi, Brokkoli
- **Salate:** Kopfsalat, Pflücksalat, Rucola
- **Kräuter:** Basilikum, Petersilie, Minze, Schnittlauch, Thymian
- **Blumen:** Petunien, Geranien, Tagetes

Vorgezogene Pflanzen sparen nicht nur Zeit, sondern erleichtern auch den Einstieg ins Gärtnern. Besonders bei Pflanzen mit langen Kulturdauern, wie Tomaten oder Paprika, oder bei empfindlichen Sorten wie Gurken ist der Kauf von Jungpflanzen eine praktische Alternative. Sie sind bereits kräftig genug, um ins Hochbeet oder in den Garten gepflanzt zu werden, und ermöglichen auch Anfängern schnelle Erfolge.

Lichtkeimer und Dunkelkeimer

Samen von Pflanzen lassen sich in Lichtkeimer und Dunkelkeimer einteilen, je nachdem, welche Bedingungen sie zum Keimen benötigen.

Lichtkeimer benötigen Licht, um zu keimen, und dürfen daher nur sehr dünn mit Erde bedeckt werden. (Die Erde wird ganz fein darüber gestreuselt.) Typische Beispiele sind Salat, Dill, Kresse, Karotte und Basilikum.

Dunkelkeimer hingegen benötigen Dunkelheit und sollten mit Erde bedeckt werden, damit sie optimal keimen können. Es ist wichtig, die Ansprüche der jeweiligen Samen zu beachten, um eine erfolgreiche Keimung und ein gesundes Pflanzenwachstum zu gewährleisten. Hierzu zählen beispielsweise Bohnen, Erbsen und Zucchini.

AUF GEHTS INS ERNTEGLÜCK: THEMENBEETE – SIEBEN KREATIVE IDEEN

Es ist so weit – die ersten Hochbeete können bepflanzt und besät werden! Jetzt beginnt die spannende Phase, in der die Auswahl des richtigen Saatguts entscheidend ist.

WIE LIEST MAN DIE PFLANZPLÄNE FÜR DIE THEMENBEETE?

Wir haben für dich sieben Themenbeete vorbereitet, die alle unter einem bestimmten Motto stehen. So kannst du ganz nach deinen Vorlieben entscheiden, ob du z. B. ein Beet für Salatfreunde, ein mediterranes Kräuterbeet oder ein Beet für robuste Wintergemüse anlegen möchtest. Diese Pläne sind perfekt, um Inspiration zu sammeln und dein Hochbeet mit Leben zu füllen!

In den Pflanzplänen siehst du, wie du die verschiedenen Gemüsepflanzen in deinem Hochbeet optimal anordnen kannst. Dabei wurden die Pflanzen bewusst so kombiniert, dass sie sich gegenseitig positiv beeinflussen. Manche Pflanzen fördern durch ihre Nähe das Wachstum anderer, indem sie den Boden mit Nährstoffen anreichern, während andere durch ihre intensiven Düfte Schädlinge fernhalten. So können beispielsweise Kräuter wie Basilikum nicht nur deine Gerichte verfeinern, sondern auch benachbarte Gemüsesorten schützen, wie Tomaten oder Gurken.

Natürlich kannst du die Pläne individuell anpassen: Lass Kulturen weg oder füge zusätzliche hinzu, wenn du bestimmte Gemüsesorten nicht magst oder das Saatgut nicht verfügbar ist. Auch die Sortenempfehlungen in den Pflanzplänen sind nicht bindend. Bei Gemüse gibt es eine riesige Vielfalt an Sorten, die so umfangreich ist, dass sie gar nicht vollständig aufgezählt werden kann. Jede Region, jeder Geschmack und jeder Garten hat seine eigenen Anforderungen und Vorlieben. Daher kannst du frei wählen, welche Sorten du ausprobieren möchtest. Ob altbewährte Klassiker oder spannende Neuentdeckungen – die Auswahl liegt ganz bei dir. Wichtig ist, dass die Sorten zu deinen Bedingungen und deinem persönlichen Geschmack passen. So wird dein Hochbeet zu einer individuellen Oase voller Vielfalt! Die angegebenen Pflanzabstände dienen als Orientierung, da Hochbeete in Größe und Form unterschiedlich sein können. Wie viele Reihen und Pflanzen letztendlich in dein Hochbeet passen, hängt von den Maßen deines Beets ab. Passe die Pläne flexibel an deine Gegebenheiten an!

Was sind die Eisheiligen?

In den Pflanzplänen wirst du oft von den Eisheiligen lesen, genauer gesagt: Auspflanzung nach den Eisheiligen. Doch was sind diese Eisheiligen eigentlich? Die Eisheiligen sind ein Wetterphänomen, das meist Mitte Mai auftritt und nach katholischen Heiligen benannt ist. In dieser Zeit können trotz des fortgeschrittenen Frühlings noch einmal kalte Nächte und Bodenfrost auftreten, besonders in Mitteleuropa.

Da Frost empfindliche Jungpflanzen wie Tomaten, Paprika oder Zucchini schädigen kann, wird empfohlen, frostempfindliche Kulturen erst nach den Eisheiligen ins Freiland oder Hochbeet zu pflanzen. Da sich das genaue Datum der Eisheiligen jedes Jahr leicht verschieben kann, sollten Gartenfreunde sich vorab informieren und die Wettervorhersage – ganz besonders die Tiefstnachttemperaturen – im Auge behalten, um auf Nummer sicher zu gehen und ihre Pflanzen optimal zu schützen.

Zum Thema Eisheilige habe ich ein kurzes, informatives Video gedreht:

VIDEO:
Eisheiligen Frostschäden im Gemüsegarten vermeiden: Wann Pflanzen ins Freiland? Tomate, Chili usw.
→https://youtu.be/0Ibya9xJRvY

DAS ZEITSPARER-HOCHBEET – MAXIMALE ERNTE MIT MINIMALEM AUFWAND

Du möchtest frisches Gemüse und Salat aus deinem eigenen Garten genießen, hast aber wenig Zeit für aufwendige Gartenarbeit? Das Zeitsparer-Hochbeet ist die perfekte Lösung für dich! Es ist so konzipiert, dass es pflegeleichte Pflanzen mit hohem Ertrag beherbergt. Mit der richtigen Auswahl an Sorten minimierst du den Pflegeaufwand und kannst dennoch leckeres, selbst angebautes Gemüse genießen.

Standort und Boden

Sonnig: Die meisten Pflanzen in diesem Hochbeet bevorzugen viel Licht, um optimal zu wachsen.

Gut durchlässiger, nährstoffreicher Boden: Eine Mischung aus Gartenerde, Kompost und etwas Sand sorgt für eine lockere Struktur und ausreichend Nährstoffe.

Auswahl der Pflanzen

Im Zeitsparer-Hochbeet kommen robuste, schnell wachsende Pflanzen zum Einsatz, die sich leicht anbauen lassen und eine kontinuierliche Ernte ermöglichen. Die ersten Kulturen dieses Themenbeets können im April gesät werden.

Kletterzucchini

Aussaat: Anfang April vorziehen, nach den Eisheiligen ins Hochbeet pflanzen oder Jungpflanzen kaufen

Ernte: Ab Juli

Besonderheiten: Sehr ertragreich, benötigt ausreichend Platz, im hinteren Teil des Hochbeets pflanzen, damit andere Pflanzen nicht abgeschattet werden, Rankhilfe erforderlich

Sortenempfehlung: Black Forest

Buschbohnen

Aussaat: Mai bis Anfang August direkt säen (zwei Aussaaten möglich)

Ernte: Ab Juli

Besonderheiten: Pflegeleicht und verbessert den Boden durch Stickstoffbindung

Sortenempfehlung: Saxa, Helios

Mangold

Aussaat: April bis Mai direkt säen

Ernte: Sehr ertragreich, bis zum ersten Frost

Besonderheiten: Geringer Pflegeaufwand

Sortenempfehlung: Pirol, Rainbow

Babyleaf Pflücksalat

Aussaat: März bis August direkt säen, Salate sind Lichtkeimer

Ernte: Kontinuierliche Ernte, indem die äußeren Blätter regelmäßig geerntet werden, Aussaat im Saatband empfohlen

Rote Bete

Aussaat: April bis Juni direkt säen
Ernte: Ab Juli
Besonderheiten: Ideal im Saatband säen, um das Vereinzeln der Pflanzen zu vermeiden
Sortenempfehlung: Foniro, Ägyptische Plattrunde

TIPP:
Rankhilfen im Hochbeet sind ideal, um Platz zu sparen und Kletterpflanzen wie Kletterzucchini, Gurken oder Bohnen optimal zu unterstützen. Eine einfache und nachhaltige Möglichkeit sind Rankgitter aus Holz oder Metall, die direkt in das Hochbeet integriert oder daneben aufgestellt werden können. Alternativ eignen sich Bambusstäbe, die zu einem Tipi oder Spalier gebunden werden. Praktische Lösungen sind Rankseile oder Gartennetze, die an stabilen Pfosten oder einer Wand befestigt werden. Die Rankhilfe muss stabil genug sein, um das Gewicht der Pflanzen zu tragen. Mit diesen Hilfsmitteln wachsen Kletterpflanzen gesund in die Höhe und bieten zudem Schatten für kleinere Pflanzen im Hochbeet.

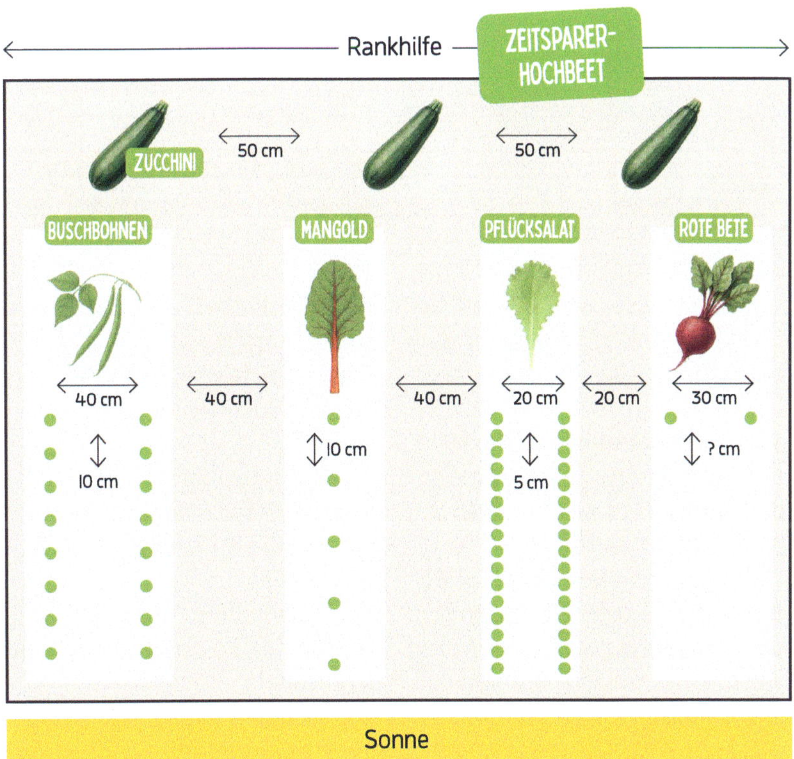

DAS KINDERFREUNDLICHE HOCHBEET – GÄRTNERN MIT SPASS!

Möchtest du dein Kind fürs Gärtnern begeistern? Ein kinderfreundliches Hochbeet ist die perfekte Möglichkeit! Es kombiniert pflegeleichte, schnell wachsende Pflanzen mit beliebten Obst- und Gemüsesorten, die Kindern besonders gut schmecken. So bleibt die Motivation hoch und die kleinen Gärtner können schon bald die Früchte ihrer eigenen Arbeit ernten.

Standort und Boden

Ein idealer Standort sorgt dafür, dass das Gärtnern für Kinder einfacher, spannender und zugänglich wird:

- **Leicht zugänglich:** Platziere das Hochbeet an einem sonnigen und gut erreichbaren Ort, am besten in der Nähe des Hauses oder des Spielbereichs, damit dein Kind jederzeit nach dem Fortschritt der Pflanzen schauen kann.
- **Kinderfreundliche Höhe:** Wähle eine Höhe von etwa 50 bis 70 cm, sodass dein Kind bequem arbeiten und mit Freude gärtnern kann.
- **Lockerer, nährstoffreicher Boden:** Mische Gartenerde mit Kompost und etwas Sand, um eine lockere und durchlässige Struktur zu schaffen, die den Pflanzen das Wachsen erleichtert.
- **Natürliche Düngung:** Verzichte auf chemische Dünger und setze auf organische Alternativen wie Kompost, Hornspäne oder selbst hergestellte Brennnesseljauche, um die Gesundheit der Pflanzen zu fördern.

Auswahl der Pflanzen

Kinder haben besondere Freude an Pflanzen, die schnell wachsen, robust sind und deren Ernte unkompliziert ist. Hier sind ideale Sortenempfehlungen:

Zwerg- und Balkontomaten

Aussaat/Pflanzung: Ab Mai (nach den Eisheiligen) ins Hochbeet pflanzen
Ernte: Ab Juli
Besonderheiten: Süße, kleine Früchte, perfekt zum Naschen
Sortenempfehlung: Primabell, Rotkäppchen, Tumbling Tom

Snackpaprika

Aussaat/Pflanzung: Ab Mai (nach den Eisheiligen) ins Beet setzen
Ernte: Ab Juli
Besonderheiten: Knackige, bunte Früchte, die Kindern besonders gut schmecken
Sortenempfehlung: Orange Snack, Paradiso, Meriono

Möhren und Radieschen (Saatband)

Aussaat: März bis Juni, Lichtkeimer
Ernte: Nach ca. 4 bis 6 Wochen (Radieschen) bzw. 10 bis 12 Wochen (Möhren)
Besonderheiten: Durch Saatbänder ist die Aussaat kinderleicht, kein Vereinzeln der Pflanzen nötig

Pflücksalat (Saatband)

Aussaat: März bis Juni, Lichtkeimer
Ernte: Fortlaufend, indem die äußeren Blätter regelmäßig geerntet werden
Besonderheiten: Schnelles Wachstum sorgt für schnelle Erfolgserlebnisse und frische Salate

„Immer tragende“ Erdbeerpflanzen

Pflanzung: Ab April ins Hochbeet setzen
Ernte: Kontinuierlich von Juli bis September
Besonderheiten: Süße Früchte, ideal zum Naschen direkt aus dem Beet
Sortenempfehlung: Diamante, Ostara, Alpen Weiß

Lass dein Kind kleine Aufgaben übernehmen, z. B. Unkraut entfernen oder reife Früchte ernten. Dadurch wird nicht nur die Verantwortung gefördert, sondern auch die Freude am Gärtnern gestärkt.

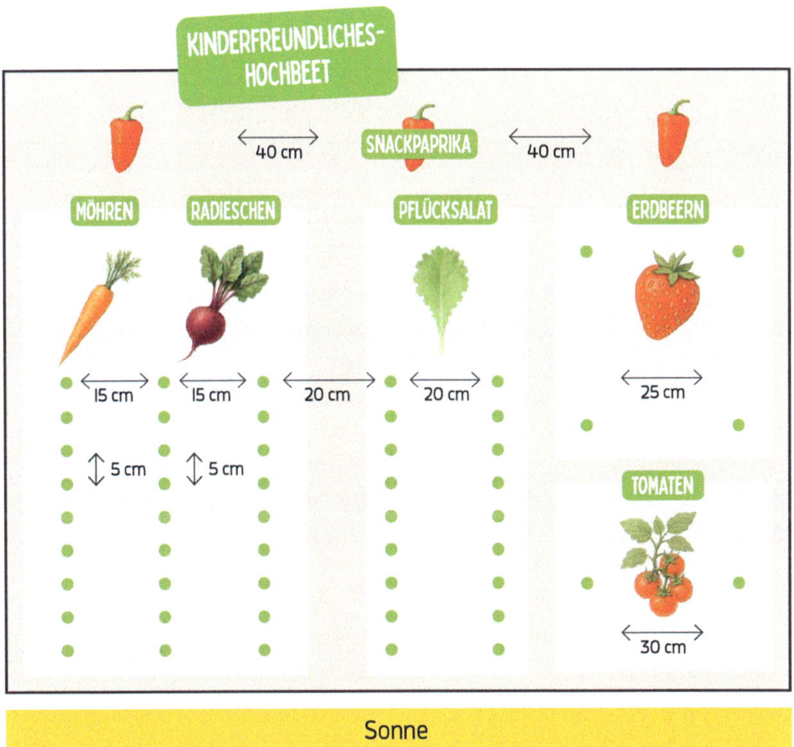

DAS SÜDAMERIKA-HOCHBEET – EXOTISCHER GENUSS AUS DEM GARTEN

Hol dir ein Stück Südamerika in deinen Garten! Das Südamerika-Hochbeet kombiniert wärmeliebende Pflanzen aus den Anden und anderen Regionen Südamerikas, die nicht nur lecker, sondern auch dekorativ sind. Mit Süßkartoffeln, Kapstachelbeeren, Kürbis und feurigen Chilis wird dein Hochbeet zum tropischen Paradies – perfekt für alle, die etwas Besonderes anbauen möchten.

Standort und Boden

Die Pflanzen im Südamerika-Hochbeet sind sonnenhungrig und bevorzugen warme, nährstoffreiche Böden:

- **Sonniger Standort:** Wähle einen Platz, der mindestens 6 bis 8 Stunden Sonne pro Tag bekommt, idealerweise in Südlage.
- **Gut durchlässiger Boden:** Mische Gartenerde mit Kompost und Sand, um den Boden locker und nährstoffreich zu halten. Dies fördert das Wachstum der Wurzeln und verhindert Staunässe.
- **Mulchschicht:** Eine Mulchschicht aus Stroh oder Grasschnitt schützt den Boden vor Austrocknung und speichert Wärme.

Auswahl der Pflanzen

Süßkartoffel

Aussaat/Pflanzung: Süßkartoffel-Setzlinge ab Mitte Mai ins Hochbeet pflanzen, wenn keine Frostgefahr mehr besteht

Ernte: Ab September bis Oktober, sobald die Blätter gelb werden

Frosthärte: Nicht frosthart, daher unbedingt vor Frost schützen

Besonderheiten: Die Süßkartoffel ist eine Rankpflanze, die auch als Bodendecker dient

Kapstachelbeere

Aussaat/Pflanzung: Jungpflanzen ab Februar/März vorziehen, nach den Eisheiligen ins Hochbeet pflanzen

Ernte: Ab Juli, sobald die Lampions trocken und die Früchte goldgelb sind

Besonderheiten: Die süß-säuerlichen Früchte sind reich an Vitaminen und werden direkt aus den Lampions geerntet, sie benötigt eine sonnige, warme Ecke im Hochbeet

Sortenempfehlung: Inkapflaume, Lady Madonna

Kürbis

Aussaat/Pflanzung: Direktsaat ab Mai oder vorgezogene Pflanzen ab Mitte Mai ins Hochbeet setzen oder Jungpflanzen kaufen

Ernte: Ab September, wenn die Schale kräftig orange ist und hohl klingt.
Besonderheiten: Der Hokkaido-Kürbis rankt nach außen und spart Platz im Hochbeet, liefert süße, aromatische Früchte und ist perfekt für Suppen oder Ofengerichte
Sortenempfehlung: Hokkaido

Chili

Aussaat/Pflanzung: Samen ab Januar/Februar vorziehen, nach den Eisheiligen ins Hochbeet pflanzen oder Jungpflanzen kaufen
Ernte: Ab Juli bis Oktober
Besonderheiten: Chili-Pflanzen sind dekorativ und liefern eine reiche Ernte an scharfen bis milden Früchten, lassen sich frisch, getrocknet oder eingelegt verwenden
Sortenempfehlung: Prairie Fire (kompakter Wuchs, milde bis mittlere Schärfe), Medusa (kleine, bunte Früchte, sehr mild), Numex Twilight (viele bunte, scharfe Früchte)

Paprika

Aussaat/Pflanzung: Jungpflanzen ab Februar vorziehen, nach den Eisheiligen ins Hochbeet setzen oder Jungpflanzen kaufen
Ernte: Ab Juli bis Oktober
Frosthärte: Nicht frosthart – reife Früchte vor dem ersten Frost ernten
Besonderheiten: Paprikapflanzen sind wärmeliebend und liefern eine süße, vitaminreiche Ernte, ausgefallene Sorten sorgen für Abwechslung im Garten
Sortenempfehlung: Sweet Banana (längliche, gelbe Früchte mit süßem Geschmack), Chocolate Beauty (dunkelbraune, süße Früchte, außergewöhnlich im Geschmack)

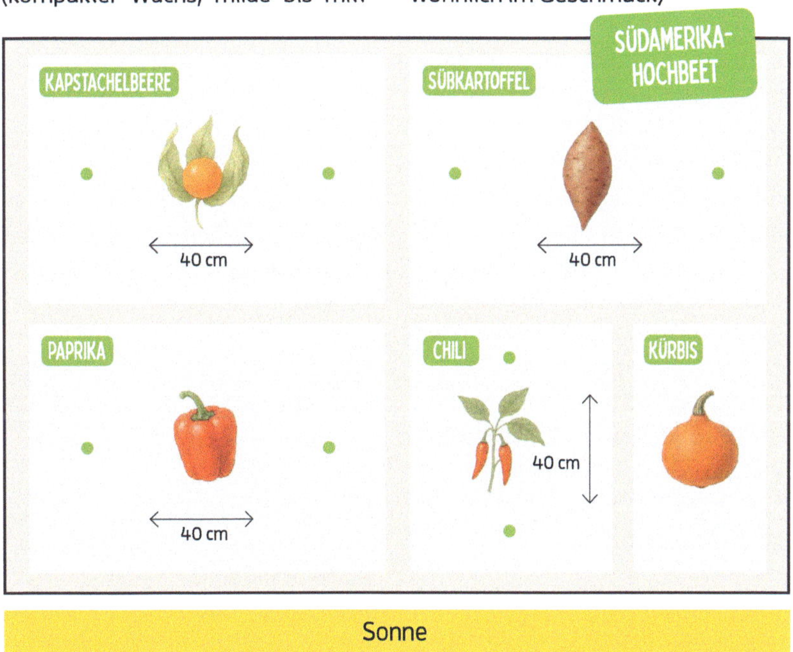

DAS GRILLPARTY-HOCHBEET – FRISCHE ZUTATEN DIREKT AUS DEM GARTEN

Ein Hochbeet voller frischer Zutaten, die direkt für deine nächste Grillparty geerntet werden können! Das Grillparty-Hochbeet kombiniert knackiges Gemüse mit aromatischen Kräutern – perfekt für Beilagen, Salate oder als Grillbeilage. Mit Snackgurken, Zuckererbsen, Tomaten und Kräutern hast du alles, was du brauchst, um deinen Grillabend auf das nächste Level zu bringen.

Standort und Boden

Ein gut durchdachter Standort und die passende Bodenmischung sind essenziell, damit dein Grillparty-Hochbeet ertragreich wird:

- **Sonniger Standort:** Die meisten Pflanzen lieben viel Sonne, daher ist ein Standort in Südlage ideal.
- **Gut durchlässiger, nährstoffreicher Boden:** Eine Mischung aus Gartenerde, Kompost und etwas Sand sorgt für eine lockere Struktur und ausreichend Nährstoffe.
- **Unterstützung für Rankpflanzen:** Installiere Rankhilfen oder Gitter für Gurken, Zuckererbsen und andere kletternde Pflanzen.

Auswahl der Pflanzen

Snackgurken

Aussaat/Pflanzung: Ab April vorziehen, ab Mitte Mai ins Hochbeet pflanzen oder Jungpflanzen kaufen
Ernte: Ab Juni bis September
Besonderheiten: Benötigen eine Rankhilfe und wachsen nach oben, was Platz im Hochbeet spart, perfekt als Rohkost oder Grillbeilage
Sortenempfehlung: Limona (runde, gelbliche Früchte), La Diva (glattschalige, süße Früchte)

Zuckererbsen

Aussaat: Direktsaat ab April möglich
Ernte: Ab Juni bis Juli
Besonderheiten:: Ranken und benötigen eine stabile Rankhilfe, die süßen, knackigen Schoten eignen sich hervorragend als Snack oder in Salaten
Sortenempfehlung: Sweet Horizon, Delikett

Zwiebeln

Aussaat/Pflanzung: Steckzwiebeln im März/April ins Hochbeet setzen
Ernte:: Ab Juli
Besonderheiten: Große, aromatische Zwiebeln sind ideal als Grillbeilage
Sortenempfehlung: Stuttgarter Riesen, Senshyu Yellow

Basilikum

Aussaat/Pflanzung: Ab April vorziehen, ins Hochbeet nach den Eisheiligen setzen oder Jungpflanzen kaufen, Lichtkeimer

Ernte: Fortlaufend von Juni bis September

Besonderheiten: Liebt sonnige, geschützte Plätze und sorgt für würzige Aromen – perfekt für Pesto oder Tomaten-Basilikum-Salate

Sortenempfehlung: Genovese, Purple Ruffles (purpurfarbenes Basilikum)

Petersilie

Aussaat: Ab März bis Juni direkt ins Hochbeet säen

Ernte: Ab Mai, konstant bis zum Frost

Besonderheiten: Petersilie ist vielseitig einsetzbar, ob als Garnitur oder in Kräuterbutter

Sortenempfehlung: Mooskrause, Gigante d'Italia (glattblättrig)

Aubergine

Aussaat/Pflanzung: Ab Februar vorziehen, ab Mitte Mai ins Hochbeet pflanzen oder Jungpflanzen kaufen

Ernte: Ab Juli bis September

Besonderheiten: Benötigen einen warmen, geschützten Standort, perfekte Grillbeilage

Sortenempfehlung: Ophelia (kleine, runde Früchte), Patio Baby (kompakte Pflanze, kleine Früchte)

Cocktailtomaten

Aussaat/Pflanzung: Ab März vorziehen, ab Mitte Mai ins Hochbeet pflanzen oder Jungpflanzen kaufen

Ernte: Ab Juli bis Oktober

Besonderheiten: Sind besonders ertragreich und süß

Sortenempfehlung: Sungold (süße, gelbe Früchte), Black Cherry (dunkelrote Früchte mit intensiver Süße), Tiny Tim (kompakte Pflanze, ideal für Hochbeete)

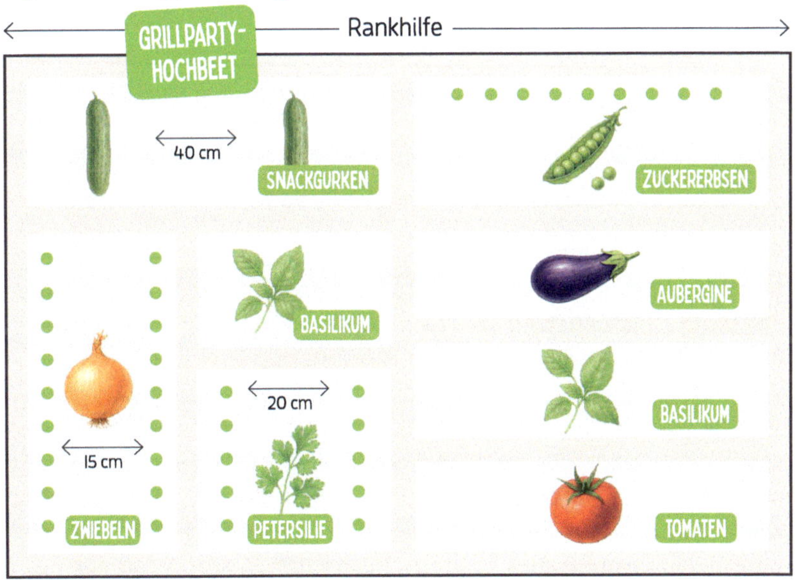

DAS WINTERKÖNIG-HOCHBEET – ROBUSTE GEMÜSE FÜR DIE KALTE JAHRESZEIT

Das Winterkönig-Hochbeet bringt selbst bei eisigen Temperaturen eine königliche Ernte hervor. Mit robusten Wintergemüsen wie Grünkohl, Rosenkohl und Endivien kannst du auch in der kalten Jahreszeit frisches und nahrhaftes Gemüse genießen. Diese Kulturen sind nicht nur frosthart, sondern profitieren sogar von kühlen Temperaturen, die ihren Geschmack oft verbessern.

Standort und Boden

Ein optimaler Standort und geeigneter Boden sorgen dafür, dass dein Winterkönig-Hochbeet gedeiht:

- **Sonniger Standort:** Selbst im Winter ist Sonnenlicht essenziell, um das Wachstum der Pflanzen zu fördern. Platziere das Hochbeet an einem Platz mit möglichst viel Wintersonne.
- **Gut durchlässiger Boden:** Eine Mischung aus Gartenerde, Kompost und etwas Sand sorgt für eine lockere Struktur, die Staunässe verhindert und die Wurzeln vor Frost schützt.
- **Mulchschicht:** Eine Mulchschicht aus Laub, Stroh oder gehäckselten Zweigen hält den Boden länger warm und schützt die Wurzeln vor Temperaturschwankungen.

Auswahl der Pflanzen

Die folgenden Kulturen eignen sich perfekt für das Winterkönig-Hochbeet. Sie sind frosthart und liefern eine reiche Ernte in der kalten Jahreszeit.

Grünkohl

Aussaat/Pflanzung: Jungpflanzen ab Mai vorziehen oder Jungpflanzen kaufen, im Juli/August ins Hochbeet setzen

Ernte: Ab Oktober bis März – je nach Sorte und Witterung

Frosthärte: Sehr frosthart, verträgt Temperaturen bis –15 °C oder kälter.

Besonderheiten: Wird nach Frost besonders aromatisch, da die Kälte die Zuckerbildung fördert

Sortenempfehlung: Roter Grünkohl, Westländer Winter, Halbhoher Grüner Krauser

Rosenkohl

Aussaat/Pflanzung: Ab März vorziehen oder Jungpflanzen kaufen, im Mai ins Hochbeet setzen

Ernte: Ab November bis Februar

Frosthärte: Sehr frosthart, verträgt Temperaturen bis –10 °C

Besonderheiten: Reift über den Winter und entwickelt bei Frost einen besonders süßen Geschmack

Sortenempfehlung: Crispus, Red Ball, Dolciosso

Endivien (Zichorienart)

Aussaat/Pflanzung:: Direktsaat ab Juli, Pflanzung der Jungpflanzen ab August ins Hochbeet

Ernte: Ab Oktober bis Dezember, mit Schutz (z. B. Vlies) kann die Ernte bis in den Winter verlängert werden

Frosthärte: Mäßig frosthart, verträgt Temperaturen bis –5 °C

Besonderheiten: Sind pflegeleicht und bieten einen knackigen, leicht bitteren Geschmack, der in Wintersalaten besonders geschätzt wird

Sortenempfehlung: Eskariol, Pancalieri, Nuance

Frostschutz

Grünkohl und Rosenkohl benötigen keinen besonderen Schutz, da sie sehr frosthart sind.

Endivien sollten bei starkem Frost mit einem Gartenvlies oder einer Folienabdeckung geschützt werden, um Schäden zu vermeiden.

ZUSÄTZLICHER TIPP

Schütze die Kohlkulturen (Grünkohl und Rosenkohl) nach der Auspflanzung mit Kulturschutznetzen!

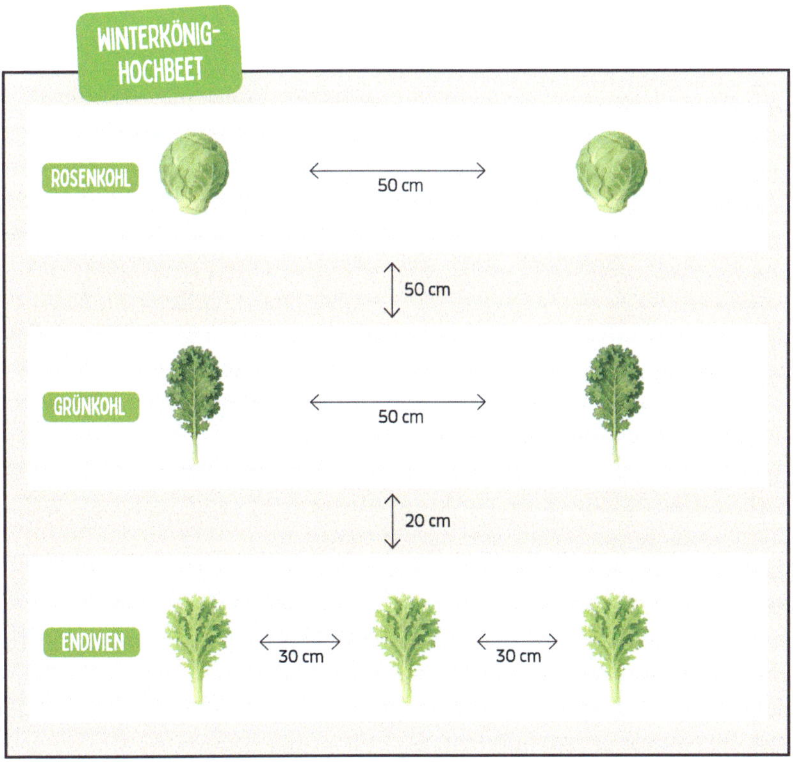

DAS WINTERWUNDER-HOCHBEET – FRISCHE ERNTE TROTZ KÄLTE

Nicht nur im Sommer, sondern auch in der kalten Jahreszeit kann dein Hochbeet eine reiche Ernte liefern. Mit der richtigen Planung und passenden Pflanzen wirst du sogar im Winter zum Selbstversorger. Mein Vorschlag für das Winterwunder-Hochbeet enthält ausschließlich winterharte Gemüsearten, die niedrige Temperaturen problemlos vertragen und auch bei Frost weiterhin wachsen oder geerntet werden können.

Standort und Boden

Ein durchdachter Standort und eine geeignete Bodenmischung sind essenziell, um dein Winterhochbeet optimal zu nutzen:

- **Sonniger Standort:** Da die Lichtintensität im Winter deutlich geringer ist, sollte dein Hochbeet möglichst viel Sonne abbekommen. Ein Platz in Südlage ist ideal.
- **Gut durchlässiger Boden:** Verwende eine Mischung aus Gartenerde und Kompost, um eine lockere Struktur zu gewährleisten. Dies verhindert Staunässe, die im Winter durch Frost zu Wurzelschäden führen könnte.
- **Schutz vor Kälte:** Eine Mulchschicht aus Laub oder Stroh schützt die Wurzeln vor extremen Temperaturschwankungen und hält den Boden länger warm. Zusätzlich kannst du das Hochbeet mit einem Gartenvlies oder einer Abdeckung schützen.

Auswahl der winterharten Gemüsearten

Die folgenden Pflanzen sind ideal für das Winterwunder-Hochbeet. Sie sind nicht nur frosthart, sondern bieten auch eine reiche Ernte in der kalten Jahreszeit.

Feldsalat

Aussaat: September bis Oktober
Ernte: November bis März
Frosthärte: Sehr frosthart, verträgt Temperaturen bis –15 °C
Besonderheiten: Unkompliziertes Wintergemüse, das auch ohne Frostschutz problemlos gedeiht, die zarten Blätter sind vitaminreich und perfekt für frische Wintersalate
Sortenempfehlung: Polar, Valentin

Salatrauke (Rucola)

Aussaat: März bis September, Lichtkeimer
Ernte: Bis in den Winter hinein, solange kein starker Frost herrscht
• Frosthärte: Relativ frosthart, verträgt Temperaturen bis etwa –5 °C.
Besonderheiten: Die würzigen Blätter geben Salaten eine besondere

Note und wachsen bei milderen Temperaturen auch im Winter weiter
Sortenempfehlung: Wildfire, Coltivata

Winterspinat

Aussaat: August bis September, breitwürfig säen
Ernte: November bis März
Frosthärte: Sehr frosthart, bis −10 °C
Besonderheiten: Wächst auch bei kühlen Temperaturen kontinuierlich weiter und liefert frische Blätter für Salate oder als Gemüsebeilage
Sortenempfehlung: Verdil

Winterportulak (Postelein)

Aussaat: September bis Oktober, Lichtkeimer, breitwürfig säen
Ernte: November bis März
Frosthärte: Sehr frosthart, verträgt Temperaturen bis −15 °C
Besonderheiten: Bildet eine dicke, fleischige Blattrosette und bleibt selbst bei Frost knackig, die Blätter schmecken mild und nussig

Asia-Salat (Mischung)

Aussaat: August bis Anfang September, Lichtkeimer
Ernte: Bis in den Winter hinein, je nach Witterung
Frosthärte: Mittelfrosthart, bis etwa −5 °C, bei Schutz auch mehr
Besonderheiten: Besteht aus verschiedenen schmackhaften Sorten, die oft eine leichte Schärfe haben und ideal für asiatische Gerichte sind
Schutzmaßnahmen
Verwende ein Gartenvlies oder eine Folienabdeckung, um die Pflanzen bei extremen Kälteeinbrüchen zusätzlich zu schützen. Das hält die Bodentemperatur stabil und fördert das Wachstum.

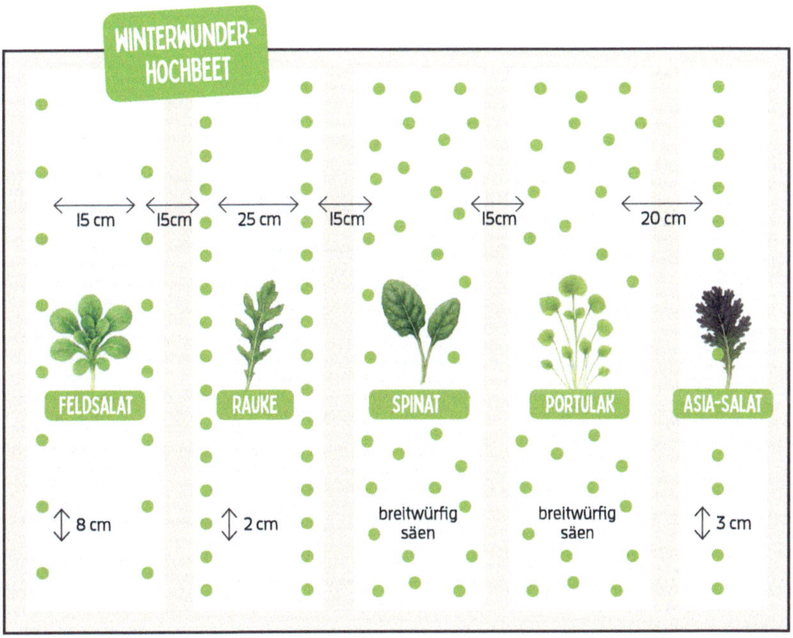

DAS KRÄUTER-HOCHBEET – FRISCHE KRÄUTER MIT KNOBLAUCH-TWIST

Ein Kräuter-Hochbeet mit einer harmonischen Kombination aus mediterranen Kräutern und feuchtigkeitsliebenden Sorten, ergänzt durch den Klassiker Knoblauch. Dieses Hochbeet liefert dir nicht nur frische Aromen für die Küche, sondern ist auch ein optischer Hingucker.

Aufteilung im Hochbeet

Die Kräuter werden nach ihren Ansprüchen in zwei Zonen eingeteilt:

- **1. Mediterrane Kräuterzone** (trocken und sonnig): Rosmarin, Thymian, Oregano, Salbei
- **2. Feuchtigkeitsliebende Kräuterzone** (gleichmäßig feucht): Knoblauch, Petersilie, Basilikum

Standort und Boden

- **Sonniger bis halbschattiger Standort:** Die meisten Kräuter lieben Sonne, einige wie Petersilie und Knoblauch gedeihen auch im Halbschatten.
- **Boden:**

Mediterrane Kräuter: Durchlässige Erde mit Sandzusatz, um Staunässe zu vermeiden

Feuchtigkeitsliebende Kräuter: Humusreiche, lockere Erde, die Feuchtigkeit gut speichert

Mediterrane Kräuterzone

Rosmarin

Standort: Sonnig, trockener Boden

Aussaat/Pflanzung: Aussaat im März/April in Töpfen oder ab Mai ins Freiland pflanzen

Besonderheiten: Stark aromatisch, ideal für Grillgerichte und Kartoffeln, Lichtkeimer

Thymian

Standort: Sonnig, trockener Boden

Aussaat/Pflanzung: Aussaat ab März drinnen oder ab Mai direkt ins Beet, Lichtkeimer

Besonderheiten: Würzig und ideal für Fleischgerichte und Tees

Oregano

Standort: Sonnig, lockerer Boden

Aussaat/Pflanzung: Aussaat ab März im Haus, ab Mai ins Freiland setzen, Lichtkeimer

Besonderheiten: Intensives Aroma, perfekt für mediterrane Gerichte

Salbei

Standort: Sonnig, trockener Boden

Aussaat/Pflanzung: Aussaat ab März drinnen oder ab Mai direkt ins Beet, Lichtkeimer

Besonderheiten: Kräftiger Geschmack, für Fleischgerichte und Tee

Feuchtigkeitsliebende Kräuterzone

Knoblauch

Standort: Halbschattig bis sonnig, feuchter Boden

Aussaat/Pflanzung: Zehen im Herbst (September/Oktober) oder im Frühjahr (März) stecken

Besonderheiten: Ist pflegeleicht und schützt benachbarte Pflanzen vor Schädlingen, Aromen sind vielseitig einsetzbar, gegen Ende der Wachstumsperiode, wenn das Laub gelb zu werden beginnt, sollte die Bewässerung reduziert werden, um die Reifung der Knollen zu fördern und deren Haltbarkeit nach der Ernte zu verlängern

Sortenempfehlung: Cledor, Thermidrom

Petersilie

Standort: Halbschatten bis sonnig, humusreicher Boden

Aussaat/Pflanzung: Aussaat ab März bis Juni direkt ins Beet oder in Töpfe

Besonderheiten: Universell einsetzbar und reich an Vitaminen

Basilikum

Standort: Sonnig, warme und feuchte Bedingungen (Basilikum braucht etwas mehr Feuchtigkeit als Petersilie)

Aussaat/Pflanzung: Aussaat ab Februar/März drinnen, nach den Eisheiligen (ab Mitte Mai) ins Freiland pflanzen, Lichtkeimer

Besonderheiten: Basilikum liebt Wärme und passt perfekt zu Tomaten- und Pastagerichten

Pflege

Bewässerung

Mediterrane Kräuter: Sparsam gießen, der Boden sollte eher trocken bleiben

Feuchtigkeitsliebende Kräuter: Gleichmäßig feucht halten, besonders in heißen Sommermonaten

Ernte

Kräuter regelmäßig schneiden, um buschiges Wachstum zu fördern. Knoblauch kann geerntet werden, sobald das Laub gelb wird.

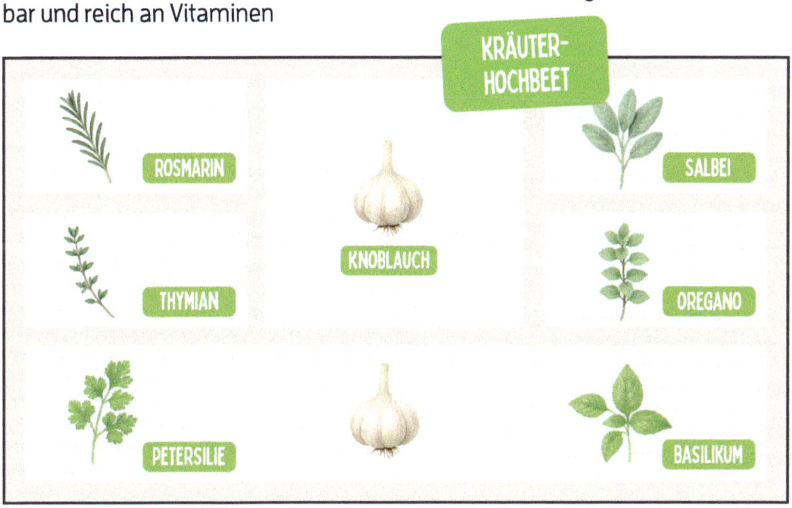

ERNTEZEITPUNKT UND LAGERUNG

Endlich ist es so weit: Das Gemüse und Obst trägt Früchte! Doch wann ist der beste Erntezeitpunkt für jede Pflanze? Wie lagerst du geernte- te Wurzeln, Blätter und Früchte im Idealfall? Im Folgenden findest du meine Ernte- und Lagertipps zu einigen gängigen Pflanzenarten fürs Hochbeet.

ERNTE- UND LAGERTIPPS

Salate und Blattgemüse

Erntezeit	Tipps zur Lagerung
Pflücksalat Du kannst Pflücksalat rund 30 bis 45 Tage nach der Aussaat ernten, wenn die Blätter jung und zart sind. Dann haben sie eine Höhe von etwa 10 bis 15 cm erreicht. Ernte die äußeren Blätter und lass die inneren weiterwachsen. So kann deine Pflanze immer schön weiterwachsen.	Deinen Pflücksalat isst du am besten so schnell wie möglich. Einige Tage hältst du ihn frisch, indem du ihn in ein feuchtes Tuch wickelst. Alternativ eignet sich eine perforierte Plastiktüte. So hält sich der Salat bis zu einer Woche lang im Kühlschrank.
Kopfsalat Dein Kopfsalat ist erntereif, wenn die Köpfe eine feste und kompakte Größe erreicht haben. Dies ist in der Regel 50 bis 70 Tage nach der Aussaat der Fall. Ernte am besten morgens. Dann sind die Blätter noch feucht und knackig.	Lagere den Salat im Kühlschrank. Die Haltbarkeit verlängert sich, wenn du ihn in eine geöffnete Plastiktüte legst. Dadurch wird er nicht so schnell welk. Spätestens nach 5 bis 7 Tagen solltest du ihn aber verbraucht haben.
Feldsalat Rund 8 bis 10 Wochen nach der Aussaat ist Feldsalat erntereif. Die Blätter sollten 8 bis 12 cm lang sein. Am zartesten und aromatischsten sind die Blätter, bevor der Salat blüht.	Lagere Feldsalat in einer perforierten Plastiktüte im Kühlschrank. Innerhalb von 3 bis maximal 5 Tagen solltest du ihn aber verzehren.

Erntezeit	Tipps zur Lagerung
Spinat Sind die Spinatblätter 5 bis 10 cm lang, kannst du sie ernten. Morgens sind sie besonders knackig.	Wickle Spinat in ein feuchtes Küchentuch und bewahre ihn im Kühlschrank auf. So bleibt er bis zu sieben Tage lang frisch.

Wurzelgemüse

Erntezeit	Tipps zur Lagerung
Karotten Nach der Aussaat vergehen 10 bis elf 11 bis zur Ernte deiner Möhren. Lockere den Boden seitlich mit einem Spaten, dann ziehst du sie einfach heraus.	Karotten fühlen sich im Kühlen und Dunklen wohl, also ab in den Kühlschrank damit. Schlage sie in ein feuchtes Küchentuch ein. Karotten können in feuchtem Sand über Monate haltbar bleiben, wenn die Bedingungen (Temperatur von etwa 0 bis 4 °C, ausreichende Luftfeuchtigkeit) ideal sind. Allerdings müssen die Karotten sauber sein und das Grün entfernt werden, um Fäulnis zu vermeiden.
Rote Bete Rote Bete ist reif, wenn die Rübe die Größe eines Tennisballs hat. Die Erntereife erkennst du auch daran, dass die Blätter Flecken bekommen.	Schlage die Rüben in ein feuchtes Tuch ein und bewahre sie im Gemüsefach im Kühlschrank auf. So bleibt Rote Bete einige Wochen lang frisch und knackig.
Pastinaken Sobald die Wurzeln einen Durchmesser von 5 bis 7 cm haben, erntest du sie. Das trifft meist 120 bis 150 Tage nach der Aussaat zu. Manche Gärtner lassen das Wurzelgemüse gern bis nach dem ersten Frost im Beet, um den Geschmack zu verbessern.	Pastinaken lagerst du kühl und trocken – am besten im Keller oder Kühlschrank. Im Idealfall packst du das Gemüse in feuchten Sand. So bleibt es problemlos mehrere Monate lang frisch.

Erntezeit	Tipps zur Lagerung
Radieschen Radieschen wachsen und reifen schnell. Schon 3 bis 4 Wochen nach der Aussaat kannst du sie ernten. Warte nicht zu lange, sonst werden die Knollen zu groß und holzig.	Bewahre Radieschen im Kühlschrank in einer Kunststofftüte auf. So lassen sie sich bis zu einer Woche frisch halten.

Fruchtgemüse

Erntezeit	Tipps zur Lagerung
Paprika Ernte Paprika am besten, wenn die Früchte ihre volle Farbe erreicht haben. Das ist häufig 60 bis 90 Tage nach der Pflanzung der Fall. Mit einem scharfen Gemüsemesser lässt sich die Schote leicht ernten.	Bewahre Paprika im Kühlschrank im Gemüsefach auf. So bleibt die Schote bis zu zwei Wochen lang knackig und frisch.
Tomaten Tomaten erntest du, wenn sie voll ausgefärbt sind und sich leicht vom Stiel lösen lassen. **TIPP:** Im Herbst kannst du Tomaten auch schon grün vor dem Frosteinbruch abnehmen.	Lagere deine Tomaten bei Zimmertemperatur und fern von direktem Sonnenlicht. Verzehre sie rasch, denn sie werden schnell überreif. Vor dem Winter noch grün geerntete Tomaten legst du in einen Pappkarton. Dort kannst du auch einen Apfel mit hineingeben. Die grünen Tomaten reifen von selbst nach.
Gurken Bei Gurken brauchst du etwas Fingerspitzengefühl, um den richtigen Erntezeitpunkt zu erwischen. Sie sollten fest und grün, jedoch noch nicht gelb sein. Schneide sie mit einer scharfen Schere ab.	Gurken sind kälteempfindlich, eine Lagerung bei etwa 10 bis 13 °C ist optimal. Kühlschränke sind häufig zu kalt.

Erntezeit	Tipps zur Lagerung
Zucchini Lass die Früchte nicht zu groß werden, denn dann verliert die Zucchini an Aroma. Schneide sie ab, solange sie noch jung ist – und zwar mit einem scharfen Messer 2 cm hinter dem Stielansatz.	Zucchini gehören eher in den Vorratsschrank oder Keller als in den Kühlschrank. Wichtig ist, sie kühl, luftig und dunkel aufzubewahren.

Kräuter

Erntezeit	Tipps zur Lagerung
Basilikum Sobald ein Stängel mindestens sechs Blätter hat, kannst du Basilikum ernten. In der Regel musst du nach der Aussaat 30 Tage Geduld haben.	Verwende Basilikum frisch oder konserviere die Blätter in Öl. Es wird trotzdem empfohlen, das Glas im Kühlschrank zu lagern. Alternativ stellst du die Stängel bis zum Verzehr in eine Vase. Hierbei müssen die Blätter aber trocken bleiben.
Petersilie Wenn deine Pflanze etwa 15 cm hoch ist, kannst du mit der Petersilien-Ernte beginnen.	Wickle die Petersilie in ein feuchtes Tuch und lagere sie im Kühlschrank. Hier hält sie etwa eine Woche.
Schnittlauch Haben die Halme eine Höhe von 15 cm erreicht, kannst du deinen Schnittlauch jederzeit ernten. Schneide die benötigten Halme einfach ab.	Verwende Schnittlauch direkt nach der Ernte oder bewahre ihn bis zu sieben Tage lang im Kühlschrank auf.
Koriander Es dauert ungefähr 30 bis 45 Tage nach der Aussaat, bis Koriander erntereif ist. Die Blätter sind dann etwa 15 cm hoch. Ernte unbedingt vor der Blüte, denn dann schmeckt Koriander am besten.	Koriander kannst du in Öl konservieren oder einfrieren, um die Haltbarkeit zu verlängern. Auch schonendes Trocknen ist möglich. Frisch hält er sich im Kühlschrank in einem feuchten Tuch für einige Tage.

Erntezeit	Tipps zur Lagerung
Kohl	
Brokkoli Brokkoli erntest du, wenn die Köpfe fest und kompakt sind. Achtung: Die Blütenknospen sollten noch geschlossen sein. Der Erntezeitpunkt ist meist 60 bis 70 Tage nach der Aussaat.	Bewahre geernteten Brokkoli im Kühlschrank auf. Er hält dort etwa eine Woche, wenn du ihn in einer geöffneten Plastiktüte lagerst. Auf diese Weise kannst du die Feuchtigkeit am besten erhalten.
Blumenkohl Bei Blumenkohl gilt: Ernte ihn, solange die Köpfe fest und geschlossen sind. Der beste Erntezeitpunkt tritt 70 bis 100 Tage nach der Aussaat ein.	Blumenkohl bewahrst du kühl und dunkel im Kühlschrank auf – idealerweise in einer Plastiktüte oder einem perforierten Beutel. So bleibt er bis zu zwei Wochen lang frisch.
Rosenkohl Rosenkohl ist bereit zur Ernte, wenn die kleinen Röschen einen Durchmesser von 2 bis 4 cm haben und sich fest anfühlen. Die Erntezeit beginnt im Herbst und kann bis in den Winter hinein andauern.	Lagere die Röschen in einer Plastiktüte im Kühlschrank. Dort bleibt Rosenkohl etwa eine Woche frisch. Alternativ kannst du ihn blanchieren und einfrieren, um ihn länger haltbar zu machen.
Grünkohl Grünkohl kannst du ernten, sobald die Blätter eine Höhe von etwa 20 bis 30 cm erreicht haben. Die Ernte erfolgt am besten nach dem ersten Frost. Der Frost verbessert den Geschmack des Grünkohls.	Grünkohl lässt sich im Kühlschrank in einer Plastiktüte bis zu einer Woche lagern. Du kannst ihn auch blanchieren und im Tiefkühlfach lagern. Auf diese Weise verlängerst du die Haltbarkeit.

Erntezeit	Tipps zur Lagerung
Früchte	
Erdbeeren Ernte Erdbeeren immer, wenn sie richtig schön rot sind. Aber: Warte nicht zu lange, sonst kommen Ameisen, Schnecken und Vögel und beteiligen sich an deiner Ernte.	Am besten schmecken Erdbeeren frisch. Ich rate dir, sie noch am selben Tag zu verbrauchen. Erdbeeren büßen im Kühlschrank etwas Aroma ein, aber sie können bei etwa 2 bis 4 °C für 1 bis 2 Tage aufbewahrt werden. Dabei sollten sie nicht gewaschen und locker in einer flachen Schale gelagert werden, um Druckstellen zu vermeiden.
Himbeeren Sobald die Himbeeren leicht vom Strauch abgehen und ihre volle Farbe haben, sind sie reif.	Himbeeren sollten möglichst im Kühlschrank bei etwa 2 bis 4 °C aufbewahrt werden, da sie bei Zimmertemperatur sehr schnell verderben. Sie halten jedoch nur 1 bis 2 Tage und sollten locker und ungewaschen gelagert werden.
Heidelbeeren Achte darauf, Heidelbeeren erst zu ernten, wenn sie voll gefärbt und prall sind. Die Erntezeit ist im Früh- bis Spätsommer – je nach Sorte. Reif sind sie, wenn sie sich leicht vom Stängel ablösen lassen.	Bewahre deine geernteten Heidelbeeren im Kühlschrank auf und verzehre sie innerhalb von 3 bis 5 Tagen. Du kannst sie einfrieren, wenn du zu viele Beeren auf einmal hast.
Stachelbeeren Sobald Stachelbeeren ihre volle Farbe (grün oder rot, je nach Sorte) haben und leicht weich sind, erntest du sie. Die Erntezeit beginnt meist im Juni.	Im Kühlschrank gelagert, bleiben Stachelbeeren bis zu sieben Tage lang frisch. Sie lassen sich einfrieren, wenn du eine längere Haltbarkeit brauchst.

WAS GUT GEHT UND WAS GAR NICHT GEHT: PFLANZKOMBINATIONEN UND MISCHKULTUR IM HOCHBEET

Ein Hochbeet bietet ideale Bedingungen für den Gemüseanbau, doch der Schlüssel zum Erfolg liegt in einer klugen Pflanzkombination. Die Mischkultur ist eine bewährte Methode, bei der Pflanzen sich gegenseitig unterstützen. Damit maximierst du nicht nur den Ertrag, sondern sorgst auch für einen gesunden Boden und reduzierst den Pflegeaufwand. Gleichzeitig vermeidest du Konflikte, indem du Pflanzen voneinander trennst, die sich nicht vertragen.

WAS IST MISCHKULTUR?

Mischkultur bedeutet, dass du mehrere Pflanzenarten auf engem Raum zusammen anbaust – wie in einem natürlichen Ökosystem. Unterschiedliche Pflanzen haben verschiedene Bedürfnisse, nutzen Licht, Wasser und Nährstoffe unterschiedlich und können sich gegenseitig ergänzen. Gleichzeitig reduzieren sie das Risiko von Schädlingen und Krankheiten.
Hier stelle ich dir Beispiele für bewährte Mischkulturen vor, die dir helfen, Schädlinge abzuwehren, den Boden zu verbessern und den Ertrag zu maximieren:

SIEBEN GUTE MISCHKULTUREN FÜR DEIN HOCHBEET

Möhren und Zwiebeln

Vorteil: Zwiebeln halten die Möhrenfliege fern, während Karotten die Zwiebelfliege abwehren. Beide Pflanzen profitieren von der gegenseitigen Schädlingsabwehr und einer guten Nährstoffbalance im Boden.

> **TIPP:**
> Achte auf ausreichend Platz zwischen den Reihen, damit die Pflanzen gut gedeihen können.

Erdbeeren und Knoblauch

Vorteil: Knoblauch schützt Erdbeeren vor Pilzkrankheiten und Schädlingen wie Schnecken. Diese Kombination verbessert die Gesundheit der Pflanzen und erhöht die Erntequalität.

> **TIPP:**
> Setze Knoblauch zwischen die Erdbeerpflanzen, damit beide genügend Platz haben.

Pflücksalat und Radieschen

Vorteil: Radieschen keimen schnell und lockern den Boden, was dem Pflücksalat zugutekommt. Die Kombination spart Platz und sorgt für eine schnelle und frühe Ernte der Radieschen.

TIPP:
Ernte die Radieschen, bevor der Pflücksalat sich vollständig entwickelt hat.

Gurken und Dill

Vorteil: Dill fördert das Wachstum von Gurken und hält Schädlinge wie Gurkenkäfer fern. Gleichzeitig nimmt Dill wenig Platz ein und ergänzt die Gurken gut, da Dill viele Nützlinge anzieht, welche Schädlinge an den Gurkenpflanzen natürlich bekämpfen können.

TIPP:
Achte darauf, dass der Dill nicht zu dicht wächst, um die Gurken nicht zu beschatten.

Buschbohnen und Kohlarten (z. B. Brokkoli)

Vorteil: Buschbohnen binden Stickstoff im Boden, was die nährstoffhungrigen Kohlpflanzen stärkt. Der Kohl bietet den Bohnen gleichzeitig Schutz vor starkem Wind.

TIPP:
Pflanze die Bohnen neben den Kohlpflanzen, um genügend Licht und Platz für beide zu gewährleisten.

Paprika und Basilikum

Vorteil: Basilikum schützt Paprika vor Schädlingen und verbessert das Aroma der Früchte. Es nimmt wenig Platz ein und ist pflegeleicht.

TIPP:
Basilikum regelmäßig zurückschneiden, damit die Paprika ausreichend Platz und Licht haben.

Rucola und Möhren

Vorteil: Rucola keimt schnell und schützt die Möhren mit seinem intensiven Geruch vor der Möhrenfliege. Er bedeckt den Boden und reduziert das Wachstum von Unkraut.

TIPP:
Rucola frühzeitig ernten, um Platz für die heranwachsenden Möhren zu schaffen.

FÜNF SCHLECHTE MISCHKULTUREN, DIE DU VERMEIDEN SOLLTEST

Tomaten und Kartoffeln

Problem: Beide gehören zur Familie der Nachtschattengewächse und sind anfällig für ähnliche Krankheiten wie die Kraut- und Braunfäule. Dadurch steigt das Risiko einer Krankheitsübertragung erheblich.
Alternative: Pflanze Tomaten lieber mit Basilikum oder Knoblauch und Kartoffeln separat.

Zwiebeln und Erbsen

Problem: Erbsen und Zwiebeln sind Nährstoffkonkurrenten. Zwiebeln entziehen dem Boden Nährstoffe, die Erbsen für ihr Wachstum benötigen.

Dies kann das Wachstum der Erbsen stark beeinträchtigen.
Alternative: Kombiniere Zwiebeln mit Karotten und Erbsen mit Buschbohnen oder Salat.

Fenchel und fast alle anderen Pflanzen
Problem: Fenchel hemmt das Wachstum vieler Pflanzenarten, indem er Stoffe abgibt, die für andere Gewächse giftig sein können (allelopathische Wirkung).
Alternative: Baue Fenchel separat in einem eigenen Beet an.

Radieschen und Gurken
Problem: Radieschen können das Wachstum von Gurken beeinträchtigen, da sie den Boden verdichten und die empfindlichen Gurkenwurzeln stören können.
Alternative: Kombiniere Gurken mit Dill und Radieschen mit Pflücksalat.

Kohlarten untereinander (z. B. Brokkoli und Weißkohl)
Problem: Kohlpflanzen haben ähnliche Nährstoffansprüche und ziehen die gleichen Schädlinge an, z. B. den Kohlweißling. Dadurch steigen der Schädlingsdruck und die Konkurrenz um Nährstoffe.
Alternative: Kombiniere Kohlarten mit Buschbohnen oder Zwiebeln, um Schädlinge fernzuhalten und den Nährstoffbedarf auszugleichen.

VORTEILE DER MISCHKULTUR IM HOCHBEET

Mischkultur ist eine bewährte Methode, um die Pflanzenvielfalt im Hochbeet optimal zu nutzen. Sie fördert nicht nur das Wachstum und die Gesundheit der Pflanzen, sondern macht den Gartenbau nachhaltiger und effizienter. Hier sind die wichtigsten Vorteile:

Bessere Pflanzengesundheit und natürliche Schädlingsabwehr
Pflanzen wie Zwiebeln oder Knoblauch halten durch ihren intensiven Geruch Schädlinge fern. Mischkulturen erschweren es Schädlingen, ihre bevorzugten Wirtspflanzen zu finden, da verschiedene Pflanzenarten zusammenstehen. Diese Vielfalt verwirrt die Schädlinge und reduziert so den Schädlingsdruck.

Effiziente Nährstoffnutzung
Pflanzen mit unterschiedlichen Wurzeltiefen und Nährstoffbedarfen ergänzen sich ideal. Flachwurzler nehmen Nährstoffe aus den oberen Erdschichten auf, während Tiefwurzler tieferliegende Reserven nutzen. Leguminosen wie Bohnen binden zudem Stickstoff im Boden, der für benachbarte Pflanzen verfügbar wird. Das verhindert eine einseitige Auslaugung des Bodens.

Unterdrückung von Unkraut
Eine dichte Bepflanzung in der Mischkultur reduziert die Ausbreitung von Unkraut. Dadurch sparst du Zeit und

Aufwand beim Jäten, während der Boden optimal genutzt wird.

Gesunde Bodenstruktur und Fruchtbarkeit
Die Kombination aus Flach- und Tiefwurzlern lockert den Boden auf natürliche Weise. Diese Durchmischung fördert die Bodenstruktur und verhindert Verdichtungen. Gleichzeitig bleibt die Fruchtbarkeit des Bodens erhalten, da verschiedene Pflanzenarten unterschiedliche Nährstoffe entziehen und zurückgeben.

Optimale Raumausnutzung
Durch die geschickte Kombination von Pflanzen mit unterschiedlichen Wuchshöhen und Wachstumszeiten wird der Platz im Hochbeet maximal genutzt. Flachwachsende Pflanzen wie Salat beschatten den Boden und verhindern Austrocknung, während höhere Gewächse wie Tomaten den Luftraum ausnutzen. Schnell wachsende Pflanzen können zudem mit langsam reifenden Arten kombiniert werden, was Platz für Nachkulturen schafft und die Ernte erhöht.

Reduzierte Pflanzenkrankheiten
Mischkulturen verringern das Risiko von Pflanzenkrankheiten, da Krankheitserreger oft nur innerhalb einer Pflanzenfamilie übertragen werden. Die Diversität im Beet wirkt wie eine natürliche Barriere gegen die Ausbreitung von Krankheiten.

Förderung von Bestäubern und Nützlingen
Kräuter und blühende Pflanzen wie Ringelblumen ziehen Bestäuber wie Bienen und Schmetterlinge sowie Nützlinge wie Marienkäfer an. Diese helfen, Schädlinge auf natürliche Weise zu reduzieren und die Bestäubung deiner Gemüse- und Obstpflanzen zu fördern.

Erhöhte Ernteerträge
Pflanzen, die sich gegenseitig fördern, wachsen gesünder und liefern höhere Erträge. Durch die Synergieeffekte in der Mischkultur kannst du im Vergleich zu Monokulturen mehr und bessere Ernten erzielen.

Effizientes Wassermanagement
Bodendecker wie Rucola oder Spinat schützen die Erde vor Austrocknung, während Tiefwurzler wie Karotten Wasser aus tieferen Erdschichten ziehen. Diese Kombination hilft, die Wasserversorgung der Pflanzen effizient zu gestalten, besonders in Trockenperioden.

Nachhaltigkeit und Umweltfreundlichkeit
Die Mischkultur reduziert den Einsatz von chemischen Pflanzenschutz- und Düngemitteln, da sie natürliche Prozesse nutzt, um den Garten gesund und ertragreich zu halten. Dies macht den Gartenbau ökologischer und schont die Umwelt.

WEHRE SCHÄDLINGE AUF NATÜRLICHE WEISE AB

Ein Ziel der Mischkultur ist der natürliche Pflanzenschutz. Bestimmte Pflanzen können durch ihre Eigenschaften Schädlinge fernhalten, den Ertrag steigern und die Gesundheit der benachbarten Pflanzen fördern. Manche Gemüsepflanzen sondern Duftstoffe ab, die Schädlinge irritieren oder abschrecken. So schützt Tagetes (Studentenblume) vor bestimmten Nematoden (Fadenwürmern), da ihre Wurzeln Stoffe abgeben, die die Schädlinge hemmen oder abtöten. Knoblauch hat eine abschreckende Wirkung auf Blattläuse und andere Schädlinge, insbesondere durch seine Schwefelverbindungen. Dill zieht Nützlinge wie Schlupfwespen oder Marienkäfer an, die wiederum Schädlinge wie Blattläuse und Kohlweißlingsraupen dezimieren können. Diese Pflanzen zeigen, dass bestimmte Gewächse als natürliche „Pestizide" wirken können, entweder durch ihre Duftstoffe, die Ausscheidungen ihrer Wurzeln oder indem sie Nützlinge fördern. Diese Form des natürlichen Pflanzenschutzes ist umweltfreundlich, da sie den Einsatz chemischer Mittel reduziert. Mit einer gezielten Mischkultur lassen sich der Pflanzenschutz verbessern, die Biodiversität im Garten erhöhen und ein gesundes Ökosystem fördern.

Nutze den Platz effektiv mit Zwischenfruchtanbau

Das Hochbeet erlaubt es dir, clever zu pflanzen, um den Raum optimal zu nutzen. Schnell wachsende Pflanzen wie Radieschen oder Salat kannst du zwischen langsam wachsenden Kulturen aussäen. Dies ist als Zwischenfruchtanbau bekannt und bringt dir wichtige Pluspunkte:

- Die schnelle Bedeckung des Bodens mit Radieschen oder Salat bewahrt das Erdreich besser vor Erosion. Es bleibt außerdem besser vor Austrocknung und Unkraut geschützt. Der Boden hält sich länger feucht, weil weniger Wasser verdunstet.

- Die Kombination von Pflanzen mit verschiedenem Nährstoffbedarf trägt dazu bei, den Boden gleichmäßig auszulasten. Schnell wachsende Pflanzen nutzen die Nährstoffe an der Oberfläche. Tiefwurzelnde Pflanzen wie Karotten ziehen die Nährstoffe aus den tieferen Bodenschichten.

- Flachwachsende Pflanzen wie Salat verwerten die Fläche um hoch wachsende Gemüse wie Tomaten oder Paprika optimal. Während letztgenannte in die Höhe wachsen, bedeckt der Salat den Boden und verhindert Unkrautwuchs.

- Baust du schnell und langsam wachsende Arten zusammen an, hast du über die gesamte Saison hinweg eine kontinuierliche Ernte. Die Gemüsesorten, die schnell wachsen, erntest du bereits, bevor dann die größeren Gewächse den Platz brauchen.

GEEIGNETE PFLANZEN-KOMBINATIONEN

Im Hochbeet sorgt eine gut durchdachte Mischkultur dafür, dass Pflanzen sich gegenseitig im Wachstum unterstützen und Schädlinge fernhalten. Bestimmte Pflanzenarten passen besonders gut zueinander. Sie ergänzen sich perfekt in ihrem Nährstoffbedarf. Auch bei der Bodenbearbeitung und beim Schutz vor Schädlingen unterstützen sie sich ideal. So fördern Tomaten und Basilikum gegenseitig ihr Wachstum. Aber auch Kopfsalat und Radieschen sind perfekte Nachbarn. Sie wurzeln unterschiedlich tief, weswegen sie nicht um Nährstoffe konkurrieren müssen. Durch die richtige Kombination von Pflanzen schaffst du ein natürliches Gleichgewicht im Beet und optimierst den Ertrag.

In der folgenden Tabelle „GEEIGNETE KOMBINATIONEN" siehst du einige klassische Paarungen, die in deinem Hochbeet für ein harmonisches Zusammenleben sorgen.

UNGEEIGNETE PFLANZEN-KOMBINATIONEN

Nicht alle Pflanzen harmonieren gut miteinander. Manche Sorten behindern sich gegenseitig im Wachstum, weil sie um Nährstoffe, Wasser oder Licht konkurrieren. Stehen sie dennoch nebeneinander, sind sie anfälliger für Schädlinge und Krankheiten. Wenn du dein Hochbeet optimal nutzen möchtest, solltest du auf diese negativen Pflanzkombinationen achten. Falsche Nachbarn führen zu geringeren Erträgen und ungesunden Pflanzen.

Die Tabelle auf Seite 76/77 zeigt dir, welche Gemüsearten du nicht nebeneinander pflanzen solltest, wenn du Probleme vermeiden und deine Ernte schützen möchtest.

GEEIGNETE KOMBINATIONEN

	Aubergine	Bohne	Buschbohne	Endivie	Erbse	Erdbeere	Feldsalat	Fenchel	Gurke	Karotte (Möhre)	Kartoffel	Knoblauch	Kohl	Kohlarten	Kohlrabi	Kopfsalat
Aubergine		✓												✓		
Blumenkohl	✓	✓			✓					✓						
Brokkoli		✓			✓											
Buschbohne									✓					✓		
Chili	✓									✓						
Eisbergsalat		✓			✓										✓	
Endivie								✓						✓		
Erbse									✓	✓				✓	✓	✓
Erdbeere			✓									✓				
Fenchel			✓		✓		✓									✓
Grünkohl		✓			✓											
Gurke		✓			✓			✓				✓		✓		
Kartoffel		✓										✓				
Karotte (Möhre)												✓				
Knoblauch									✓	✓						
Kohlrabi		✓			✓						✓					
Kürbis		✓														
Kopfsalat		✓			✓				✓	✓			✓			
Lauch						✓				✓			✓			
Mangold		✓								✓				✓		
Pak Choi		✓		✓	✓					✓					✓	
Paprika										✓		✓				
Pastinake					✓											
Puffbohne/Ackerbohne									✓		✓		✓			
Radieschen		✓			✓					✓			✓			
Römersalat/Pflücksalat		✓								✓			✓			
Rettich		✓			✓					✓			✓			
Rosenkohl		✓			✓					✓	✓					
Rote Beete		✓							✓				✓		✓	
Rotkohl		✓			✓					✓						
Schwarzwurzel		✓													✓	
Sellerie			✓												✓	

																																Kürbis
✓																						✓										Lauch
															✓									✓								Mais
					✓																								✓			Mangold
																																PakChoi
																											✓					Paprika
						✓						✓	✓	✓		✓					✓			✓		✓		✓	✓		✓	Radieschen
									✓																				✓			Rettich
									✓							✓												✓	✓	✓		Rote Bete
																																Römersalat
	✓	✓	✓	✓	✓		✓	✓	✓	✓	✓	✓	✓			✓	✓			✓	✓	✓	✓				✓	✓	✓	✓	✓	Salat
		✓		✓									✓			✓					✓							✓	✓	✓		Sellerie
	✓			✓	✓		✓		✓		✓								✓		✓		✓			✓				✓	✓	Spinat
																									✓							Stangenbohne
✓		✓			✓	✓	✓	✓		✓	✓		✓	✓		✓	✓				✓				✓	✓	✓	✓		✓		Tomate
																																Weißkohl
																																Wirsing
																								✓								Zucchini
																																Zuckermais
			✓			✓			✓	✓				✓				✓		✓			✓			✓	✓					Zwiebel

GEEIGNETE KOMBINATIONEN

	Aubergine	Bohne	Buschbohne	Endivie	Erbse	Erdbeere	Feldsalat	Fenchel	Gurke	Karotte (Möhre)	Kartoffel	Knoblauch	Kohl	Kohlarten	Kohlrabi	Kopfsalat
Stangenbohne									✓		✓			✓	✓	
Spinat											✓		✓		✓	
Tomate												✓	✓			
Weißkohl		✓			✓					✓	✓					
Wirsing										✓	✓					
Zucchini		✓			✓											
Zuckermais		✓			✓				✓		✓					
Zwiebel										✓						

UNGEEIGNETE KOMBINATIONEN

	Aubergine	Bohne	Blumenkohl	Brokkoli	Buschbohne	Endivie	Erbse	Erdbeere	Fenchel	Gurke	Kartoffel	Knoblauch	Kohl	Kohlarten	Kohlrabi	Kürbis
Aubergine					✗		✗				✗					
Blumenkohl								✗				✗				
Brokkoli								✗				✗				
Buschbohne							✗					✗				
Chili		✗					✗				✗					
Eisbergsalat						✗										
Endivie															✗	
Erbse		✗										✗				
Erdbeere			✗	✗					✗				✗			
Fenchel										✗				✗		
Grünkohl								✗				✗				
Gurke										✗			✗			
Kartoffel	✗									✗						
Karotte																
Knoblauch		✗					✗	✗							✗	
Kohlrabi		✗						✗								
Kürbis											✗					

	✓						✓	Kürbis
								Lauch
		✓					✓	Mais
								Mangold
								PakChoi
								Paprika
			✓			✓		Radieschen
			✓					Rettich
✓		✓	✓					Rote Bete
								Römersalat
✓	✓			✓			✓	Salat
				✓				Sellerie
		✓						Spinat
		✓						Stangenbohne
	✓			✓		✓	✓	Tomate
								Weißkohl
								Wirsing
	✓							Zucchini
								Zuckermais
		✓			✓			Zwiebel

✗																	Kürbisgewächse
									✗				✗				Lauch
																	Mais
																	Mangold
				✗													Paprika
					✗												Radieschen
			✗														Rote Bete
			✗	✗						✗	✗						Sellerie
																	Spinat
																✗	Stangenbohne
	✗				✗		✗							✗	✗		Tomate
✗																	Zucchini
				✗		✗			✗				✗	✗	✗		Zwiebel

UNGEEIGNETE KOMBINATIONEN

	Aubergine	Bohne	Blumenkohl	Brokkoli	Buschbohne	Endivie	Erbse	Erdbeere	Fenchel	Gurke	Kartoffel	Knoblauch	Kohl	Kohlarten	Kohlrabi	Kürbis
Kopfsalat						✗										
Lauch		✗					✗									
Mangold																
PakChoi								✗				✗				
Paprika		✗					✗				✗					
Pastinake																
Puffbohne/Ackerbohne												✗				
Radieschen														✗	✗	
Römersalat/Pflücksalat						✗										
Rettich														✗	✗	
Rosenkohl								✗								
Rote Bete											✗					
Rotkohl								✗				✗				
Schwarzwurzel												✗				
Sellerie										✗	✗					
Stangenbohnen							✗					✗				
Spinat																
Tomate							✗		✗		✗				✗	
Weißkohl								✗				✗				
Wirsing								✗								
Zucchini										✗	✗					✗
Zuckermais																
Zwiebel		✗					✗							✗		

Kürbisgewächse	Lauch	Mais	Mangold	Paprika	Radieschen	Rote Bete	Sellerie	Spinat	Stangenbohne	Tomate	Zucchini	Zwiebel
							✗					
						✗		✗				
												✗
						✗	✗					
	✗											✗
							✗					
										✗		✗
			✗					✗				
										✗		✗
	✗											✗
		✗										
	✗											✗
			✗			✗						
										✗		✗
										✗		✗
							✗			✗		

DIE PFLANZPLANUNG UND DER PFLANZKALENDER

Ein Pflanzkalender ist ein praktisches Hilfsmittel für Hobbygärtner, um den richtigen Zeitpunkt für Aussaat, Pflanzung und Ernte von Gemüse, Kräutern und anderen Pflanzen festzulegen. Er gibt eine allgemeine Orientierung, wann bestimmte Kulturen in der jeweiligen Region optimal gedeihen. Dabei berücksichtigt der Kalender die typischen Witterungsbedingungen und die Vegetationsphasen von Pflanzen.

Allerdings dient der Pflanzkalender vor allem als grobe Orientierung, da sich die klimatischen Bedingungen je nach Region deutlich unterscheiden können. In verschiedenen Gebieten gibt es unterschiedliche Temperaturen, Niederschläge und sogar Unterschiede in der Tageslänge, die das Wachstum beeinflussen. Wer beispielsweise in einem milden Küstengebiet oder im Gebirgsvorland lebt, muss den Kalender möglicherweise anpassen. Auch frühe oder späte Fröste können eine Rolle spielen und erfordern eine flexiblere Planung.

Wie funktioniert ein Pflanzkalender?

Aussaat: Der Kalender zeigt, wann bestimmte Pflanzen am besten ausgesät werden können. Dabei wird zwischen der Aussaat im Freiland, im Gewächshaus oder auf der Fensterbank unterschieden. Frühsaaten im Gewächshaus starten oft früher im Jahr.

Pflanzung: Manche Kulturen, beispielsweise vorgezogene Gemüsesorten, werden erst nach der Aussaat ins Freiland gepflanzt. Der Kalender gibt an, wann die ideale Zeit für das Einsetzen der Jungpflanzen ist.

Ernte: Der Pflanzkalender zeigt ebenfalls, wann die Erntezeit der jeweiligen Pflanzen beginnt. Das ist wichtig, um das Hochbeet oder die Beete rechtzeitig wieder für neue Kulturen vorzubereiten.

Falls du gerade erst mit dem Gärtnern beginnst und der Pflanzkalender für dich noch etwas überwältigend wirkt, habe ich im nächsten Kapitel drei optimierte Bepflanzungspläne für dich zusammengestellt. So kannst du dich ganz entspannt auf das Gärtnern konzentrieren und musst dich nicht mit der genauen Planung der Aussaatzeiten beschäftigen.
Viel Spaß beim Ausprobieren!

- Aussaat unter Glas
- Aussaat im Freiland
- Ernte/Blüte
- Auspflanzung Jungpflanzen
- Steckgut pflanzen

PFLANZ-
KALENDER
Januar
Februar
März
April
Mai
Juni
Juli
August
September
Oktober
November
Dezember
Gemüse
Ackerbohne
Aubergine
Blumenkohl
Brokkoli
Buschbohne
Chili
Erbse
Erdbeere
Fenchel
Grünkohl
Gurke
Kartoffel
Karotte
Knoblauch (Frühling)
Knoblauch (Winter)
Kohlrabi
Kürbis
Lauch (Winter)
Mangold
Pak Choi
Paprika
Pastinake
Rettich (Winter)
Rosenkohl
Rote Beete
Rotkohl
Schwarzwurzel
Sellerie
Stangenbohne
Tomate
Weißkohl (Herbst)
Wirsing (Herbst)

PFLANZ-
KALENDER
Januar
Februar
März
April
Mai
Juni
Juli
August
September
Oktober
November
Dezember
Gemüse
Zucchini
Zuckermais
Zwiebel
Salat
Eisbergsalat
Endivie (Herbst)
Feldsalat
Kopfsalat
Radieschen
Spinat (Frühjahr)
Spinat (Herbst)

FRISCHES GEMÜSE DAS GANZE JAHR ÜBER – DREI PFLANZPLÄNE FÜR DEIN HOCHBEET

Ein Hochbeet bietet eine fantastische Möglichkeit, das ganze Jahr über frisches Gemüse zu ernten – selbst dann, wenn die meisten Beete längst leer sind. Durch eine geschickte Planung und die richtige Auswahl der Kulturen kannst du dein Hochbeet so nutzen, dass es dir fast ohne Unterbrechung frisches Grün liefert.

In diesem Abschnitt findest du drei aufeinander abgestimmte Pflanzpläne:

- **März/April:** Perfekt für die erste Aussaat im Frühjahr – mit kälteverträglichen Kulturen, die früh wachsen und Platz für die nächste Bepflanzung schaffen
- **Mai:** Die ideale Zeit für wärmeliebende Gemüsearten, die über den Sommer hinweg reifen und bis in den Herbst Erträge liefern
- **September:** Eine kluge Strategie für die Herbst- und Wintermonate, mit Sorten, die Frost trotzen und auch in der kalten Jahreszeit geerntet werden können

Mit diesen Pflanzplänen kannst du dein Hochbeet nahezu lückenlos bewirtschaften und dir eine kontinuierliche Ernte sichern. Ob knackige Salate, aromatische Kräuter oder robuste Wintergemüse – mit der richtigen Auswahl bleibt dein Hochbeet das ganze Jahr über produktiv. Lass uns gemeinsam durch das Gartenjahr starten!

ERSTE HOCHBEET-BEPFLANZUNG MÄRZ/APRIL

Du wünschst dir einen einfachen Einstieg ins Hochbeet-Gärtnern? Du hast überhaupt keine Lust, erst lange über gute Nachbarn, schlechte Nachbarn und Pflanzpläne nachzudenken? Kein Problem. Ich zeige dir hier eine einfache, für Anfänger geeignete Mischkultur, die perfekt für dein erstes Hochbeet-Jahr ist. Lege diese Mischkultur im Frühling an und du wirst dich schon bald über eine ertragreiche, leckere Ernte freuen.

Nebenbei profitierst du von allen Vorteilen der Mischkultur, denn selbstverständlich passen die von mir ausgewählten Pflanzen hervorragend zusammen. Einer meiner beliebtesten Anbaupläne für eine gute Hochbeet-Mischkultur im Frühjahr sieht wie folgt aus:
Diese Aussaaten nimmst du am bes-

ten Ende März oder in der ersten bis zweiten Aprilwoche vor, abhängig davon, wo du wohnst. Im Alpenvorland wartest du lieber etwas länger als beispielsweise in der Region Köln. Das Hochbeet hat den Vorteil, dass es Mitte Mai komplett abgeerntet und leer ist. Du hast dann also genau zum richtigen Zeitpunkt ausreichend Platz in deinem Hochbeet, um Chili- und Paprikapflanzen zu setzen. Ich zeige dir jetzt Schritt für Schritt, was du brauchst und wie du vorgehst, um diese Mischkultur in deinem Hochbeet zu verwirklichen.

VIDEO:
Hochbeet im März/ April bepflanzen
→https://www.youtube.com/watch?v=f0czx-8YXE0

Dein Hochbeet bereitest du im März für die erste Aussaat des Jahres vor. Zu dieser Zeit kannst du bereits robuste und kälteverträgliche Pflanzen setzen, die den noch wechselhaften Temperaturen standhalten. Wähle einen milden Märztag, um mit der Aussaat oder Pflanzung zu beginnen, denn Frost oder starke Witterung können den jungen Pflanzen schaden.

Dieser Plan dient als Orientierung und kann an die Bedingungen in deinem Hochbeet angepasst werden. Wähle die Sorten, die dir gefallen, und starte so in die neue Gartensaison!

1. BEPFLANZUNG MÄRZ/ APRIL

Schritt I: Möhren säen

Möhren sind perfekte Partner für Radieschen, da sie unterschiedliche Bodenschichten nutzen.

Geeignete Sorten:
Amsterdam 2, Pariser Markt, Gelbe Gochsheimer, Milan

Pflanzhinweise:
Aussaat: Säe die Möhren in flache

Furchen direkt ins Hochbeet.

Pflanzabstände: Halte 3 bis 5 cm Abstand zwischen den Pflanzen und 20 cm zwischen den Reihen ein.

Pflege: Bedecke die Samen nur dünn mit Erde, halte die Fläche feucht und lockere den Boden regelmäßig, um die Wurzelbildung zu fördern.

Schritt 2: Zwiebeln und Knoblauch setzen

Zwiebeln und Knoblauch sind robuste Kulturen, die früh im Jahr ins Hochbeet gepflanzt werden können.

Geeignete Sorten:

Zwiebeln: Stuttgarter Riesen, Robelja
Knoblauch: Flavor, Cledor

Pflanzhinweise:

Abstände: Pflanze Zwiebeln und Knoblauch in einem Abstand von 10 bis 15 cm zueinander.

Vorgehen: Setze Zwiebeln und Knoblauchzehen etwa 3 cm tief mit der Spitze nach oben in die Erde.

Pflege: Halte die Erde locker und mäßig feucht, um die Entwicklung der Knollen zu fördern.

Schritt 3: Radieschen säen

Radieschen sind ideale Pflanzen für den Start in die Gartensaison. Sie wachsen schnell und sind bereits nach wenigen Wochen erntereif.

Geeignete Sorten:

Saxa 2, Eiszapfen, French Breakfast

Pflanzhinweise:

Vorbereitung: Säe die Radieschen direkt ins Hochbeet. Die Erde sollte locker und gut durchlüftet sein.

Pflanzabstände: Lasse 5 bis 7 cm Abstand zwischen den Pflanzen und 15 cm zwischen den Reihen.

Pflege: Halte die Erde gleichmäßig feucht und achte darauf, dass die Pflanzen ausreichend Licht bekommen, um ein Schießen zu verhindern.

Schritt 4: Spinat säen

Spinat ist eine robuste Pflanze, die sich ideal für die Bepflanzung im März eignet.

Geeignete Sorten:

Matador, Thorin

Pflanzhinweise:

Aussaat: Säe den Spinat in flache Reihen, etwa 2 bis 3 cm tief.

Abstände: Halte 5 bis 10 cm Abstand zwischen den Pflanzen und 20 cm zwischen den Reihen ein.

Pflege: Gieße regelmäßig und ernte die Blätter, bevor die Pflanzen zu schießen beginnen.

Schritt 5: Salat pflanzen

Salat bringt frisches Grün ins Hochbeet und ist ideal für den Frühling.

Geeignete Sorten:

Lollo Rossa, Lollo Bionda

Pflanzhinweise:

Vorbereitung: Ziehe den Salat bei kühlen Temperaturen vor und setze die Jungpflanzen ins Hochbeet.

Pflanzabstände: Lasse 25 bis 30 cm Abstand zwischen den Pflanzen.

Pflege: Halte die Erde feucht und schütze die Pflanzen bei Frost mit einem Vlies.

Schritt 6:
Kohlrabi pflanzen

Kohlrabi ist pflegeleicht und liefert in kurzer Zeit eine reiche Ernte.

Geeignete Sorten:
Azur Star (blau), Lanro (weiß)

Pflanzhinweise:
Abstände: 30 cm zwischen den Pflanzen sind nötig.
Vorgehen: Pflanze vorgezogene Jungpflanzen oder säe direkt ins Hochbeet. Drücke die Erde nach dem Pflanzen gut an.
Pflege: Gieße regelmäßig und halte die Erde feucht, um zarte Knollen zu fördern.

Was muss man bei der Aussaat im Hochbeet im Frühjahr beachten?

Bei der Frühjahrsaussaat im Hochbeet gibt es einige Punkte zu beachten, um optimale Wachstumsbedingungen zu schaffen und die Pflanzen zu schützen. Besonders in den Nächten können niedrige Temperaturen und Frost den jungen Pflanzen gefährlich werden. Daher ist es ratsam, empfindliche Kulturen mit einem Kälteschutzvlies zu schützen. An wärmeren Tagen sollte ein Frühbeetaufsatz jedoch geöffnet oder das Vlies entfernt werden, damit die Feuchtigkeit im Beet besser verdunsten kann. Andernfalls kann sich Moos bilden, was den Boden verdichtet und das Wachstum der Pflanzen behindert.
Ein weiteres Problem im Frühjahr sind kleine Schnecken, die oft unbemerkt die jungen Pflanzen beschädigen. Achte darauf, ob Blätter angefressen sind oder Jungpflanzen plötzlich verschwinden – in den meisten Fällen sind Schnecken die Übeltäter. Es ist wichtig, diese frühzeitig zu entdecken und zu entfernen. Mehr dazu erfährst du später im Buch.

Auch Erdflöhe können deinen Aussaaten erheblich zusetzen. Diese kleinen Schädlinge hinterlassen oft Löcher in den Blättern und schwächen die Pflanzen. Wie du sie effektiv bekämpfen kannst, wird ebenfalls in den späteren Abschnitten zum Thema Schädlinge ausführlich beschrieben. Mit diesen Vorsichtsmaßnahmen kannst du sicherstellen, dass deine Aussaaten im Hochbeet erfolgreich wachsen und gedeihen.

ZWEITE HOCHBEET-BEPFLANZUNG IM MAI

Nach den Eisheiligen im Mai beginnt die Hochsaison für das Bepflanzen des Hochbeets. Damit deine Pflanzen optimal gedeihen, gibt es einige entscheidende Punkte zu beachten. Besonders wichtig ist der richtige Umgang mit Jungpflanzen – egal, ob du sie selbst vorgezogen oder im Gartencenter gekauft hast.

Jungpflanzen abhärten – warum und wie?

Gekaufte Jungpflanzen stammen meist aus Gewächshäusern, wo sie unter optimalen Bedingungen mit hoher Luftfeuchtigkeit, gleichmäßiger Temperatur und gefiltertem Licht heranwachsen. Auch selbst vorgezogene Pflanzen von der Fensterbank oder einem Anzuchthaus sind an geschützte Verhältnisse gewöhnt. Werden diese Pflanzen ohne Vorbereitung direkt ins Freie gesetzt, drohen Sonnenbrand, Wachstumsstockungen oder gar ein Totalausfall.

Daher müssen Jungpflanzen schrittweise abgehärtet werden. Das bedeutet, dass sie langsam an die äußeren Bedingungen wie direkte Sonne, Wind und Temperaturschwankungen gewöhnt werden:

- **Beginn:** Etwa 7 bis 10 Tage vor dem Auspflanzen
- **Ort:** Halbschattiger, windgeschützter Platz im Freien
- **Dauer:** Erste Tage nur 2 bis 3 Stunden, dann täglich verlängern
- **Letzte Tage:** Pflanzen auch nachts draußen lassen, wenn es frostfrei bleibt

Richtige Pflanzzeit und Bodenvorbereitung

Das Hochbeet sollte nicht in der prallen Mittagssonne bepflanzt werden, da die Jungpflanzen durch Hitze und direkte Sonneneinstrahlung gestresst werden. Ideale Pflanzzeiten sind ein bewölkter Tag oder die Abendstunden.

Vor dem Einpflanzen sollte der Boden gut gelockert und gegebenenfalls mit Kompost oder organischem Dünger angereichert werden. Besonders Starkzehrer wie Tomaten, Kohl oder Zucchini profitieren von einer zusätzlichen Nährstoffzufuhr.

Bewässerung und Schutzmaßnahmen

Nach dem Einsetzen müssen die Pflanzen großzügig angegossen werden, um den Bodenschluss zu verbessern. Staunässe muss dennoch vermieden werden. Besonders im Mai, wenn die Temperaturen steigen, sollte die Erde gleichmäßig feucht gehalten werden, ohne zu nass zu sein.

Mit den wärmeren Temperaturen kommen auch Schädlinge ins Hochbeet. Besonders Schnecken können frisch gesetzte Jungpflanzen innerhalb weniger Nächte komplett vernichten. Daher ist es ratsam, frühzeitig Schneckenschutzmaßnahmen zu ergreifen – sei es durch Schneckenkragen oder das Absammeln bei Dämmerung.

Welche Kulturen sollten mit Kulturschutznetzen geschützt werden und warum?

Ein Kulturschutznetz ist ein einfaches, aber wirksames Mittel, um empfindliche Kulturen vor Schädlingen und extremen Witterungsbedingungen zu schützen. Besonders im Mai, wenn viele junge Pflanzen ins Hochbeet kommen, können Netze die Pflanzen vor Schäden bewahren und den Ertrag sichern.

- **Karotten (Möhren):** Möhren sollten unbedingt mit einem Kulturschutznetz geschützt werden, um die Möhrenfliege fernzuhalten. Diese legt ihre Eier in die Erde nahe der Wurzeln und die Larven können die Möhren erheblich beschädigen. Ein engmaschiges Netz verhindert, dass die Möhrenfliege an die Pflanzen gelangt.

Kohlpflanzen: Kohlrabi und andere Kohlarten werden oft von Kohlweißlingen befallen. Die Schmetterlinge legen ihre Eier auf den Blättern ab, aus denen Raupen schlüpfen, die die Blätter schnell kahl fressen können. Ein Kulturschutznetz verhindert, dass die Schmetterlinge die Pflanzen erreichen.

Zwiebeln: Zwiebeln können von der Zwiebelfliege befallen werden, deren Larven die Zwiebeln von innen aushöhlen. Ein Kulturschutznetz schützt die Zwiebeln vor diesem Schädling. Die Pflanzen sollten schon Ende April abgedeckt werden.

Hier findest du die Videoanleitung:

VIDEO:
Hochbeet im Mai bepflanzen: Diese Gemüse & Kräuter sorgen für eine reiche Ernte! (mit Pflanzplan)
→https://youtu.be/mIQ45pLPojs

Dein Hochbeet bereitest du Mitte bis Ende Mai vor, nachdem du die ersten Frühjahrspflanzen abgeerntet hast. Dadurch hast du Platz für die Sommerbepflanzung. Wähle einen kühlen Maitag, um die Jungpflanzen in die Erde zu setzen, denn Hitze und Trockenheit können sie beim Anwachsen stressen.
Dieser Plan ist ein Beispiel. Passe ihn an die Bedingungen in deinem Hochbeet an und wähle die Pflanzen, die dir gefallen.

2. BEPFLANZUNG MAI

Schritt 1:
Salat pflanzen

Salat gehört in jedes Hochbeet! Er ist vielseitig einsetzbar und perfekt als frische Beilage. Für den Sommer eignen sich ausschließlich hitzeresistente Sommersorten, da Frühjahrssalate bei hohen Temperaturen schnell schießen und bitter werden.

Geeignete Salatsorten:

Pflücksalat, Romanasalat (z. B. Valmaine, Intred)
Kopfsalat (z. B. Dolly, Goldforelle)

Pflanzhinweise:

Vorziehen: Säe den Salat bei kühlen Temperaturen in einer Anzuchtbox vor (z. B. im Keller) und pflanze ihn an einem kühlen Maitag ins Beet.

Pflanzabstände: Halte 25 bis 30 cm Abstand zwischen den Pflanzen ein.

Schritt 2:
Buschbohnen säen

Buschbohnen sind ideale Partner für Salat, da sie die gleiche Bodenbeschaffenheit mögen. Außerdem versorgen sie den Boden mit Stickstoff.

Geeignete Sorten:

Dormini, Saxa, Maxi

Pflanzhinweise:

Pflanzabstände: 30 bis 40 cm Abstand zum Salat sind notwendig. Innerhalb der Reihe sollten die Bohnen etwa 8 cm Abstand haben.

PFLEGETIPPS:

Halte die Erde feucht, besonders während der Blüte und Fruchtbildung. Häufle die Pflanzen nach dem Auflaufen leicht an. (Auflaufen bedeutet, dass der Samen gekeimt ist und die junge Pflanze beginnt zu wachsen.)

Schritt 3:
Mangold setzen

Mangold ist pflegeleicht und liefert dir bis in den Herbst hinein eine regelmäßige Ernte.

Geeignete Sorten:

Rainbow, Jessica

Pflanzhinweise:

Pflanzabstände: Halte 30 cm Abstand zu den Buschbohnen ein.

Vorgehensweise: Pflanze entweder vorgezogene Jungpflanzen oder säe direkt ins Beet. Gieße die Pflanzlöcher vor und drücke die Erde nach dem Pflanzen gut an.

Schritt 4:
Chilis pflanzen

Chilipflanzen bringen Würze in deinen Garten und sehen dazu noch dekorativ aus.

Geeignete Sorten:

Jalapeño, Habanero, Aji Charapita

Pflanzhinweise:

Pflanzabstände: 30 bis 40 cm Abstand zu den Nachbarn sind notwendig.

Vorgehen: Setze die vorgezogenen Jungpflanzen in Pflanzlöcher mit etwas Biodünger. Gieße die Pflanzen gut an und stütze sie mit einem Rankstab.

Schritt 5:
Basilikum unter Chilis pflanzen

Basilikum ist ein toller Partner für Chilis. Es wächst bodennah und nutzt so die Fläche effizient aus.

Geeignete Sorten:
Klassisches Basilikum, Strauchbasilikum, Rotes Basilikum

Pflanzhinweise:

Abstand: Das Kraut wird direkt unter den Chilipflanzen eingepflanzt.

Pflege: Basilikum liebt regelmäßige Wassergaben und gute Düngung.

Schritt 6: Tomaten am Rand pflanzen

Für den Rand des Hochbeets eignen sich perfekt Tomaten, die herunterranken können.

Geeignete Sorten:
Hängetomaten, Buschtomaten (Balcony Yellow, Red Robin), Cocktailtomaten

Pflanzhinweise:

Pflanzstandort: Tomaten am Rand des Hochbeets einpflanzen, damit die Pflanzen herunterranken können.

Vorgehen: Pflanze vorgezogene Jungpflanzen in ausreichend große Pflanzlöcher. Gieße die Pflanzen gut an.

Schritt 7: Zucchini pflanzen (optional)

Kletterzucchini können das Hochbeet bereichern, da sie in die Höhe wachsen.

Geeignete Sorten:
Black Forest, Climbing Courgette

Pflanzhinweise:

Pflanzstandort: An einer Ecke des Hochbeets einpflanzen, wo sie klettern können.

Rankhilfe: Biete der Zucchini eine stabile Rankhilfe.

DRITTE HOCHBEET-BEPFLANZUNG IM AUGUST

Diese Bepflanzung ist ideal für den späten August. Besonders Bohnen und Rote Bete sollten in diesem Monat ausgesät werden, um optimale Wachstumsbedingungen zu nutzen. Grünkohl hingegen wird nur als vorgezogene Jungpflanze gesetzt, da es für eine Direktsaat bereits zu spät ist.

Auf dem Weg in den September, Oktober und November sinken die Temperaturen allmählich und die Nächte werden spürbar kühler. Die Bewässerung sollte entsprechend reduziert werden, da die Verdunstung im Herbst deutlich geringer ist. Gieße daher sparsam und nur nach Bedarf, um Staunässe und Wurzelfäule zu vermeiden.

Bei Nachttemperaturen unter 10 °C kann bereits ein Kälteschutzvlies zum Einsatz kommen. Dieses sollte nachts locker über das Beet gelegt werden, um empfindliche Kulturen zu schützen. Sobald die Temperaturen tagsüber steigen, solltest du es entfernen.

Du kannst dich für diese Bepflanzung entscheiden oder alternativ die Pflanzpläne aus Kapitel 5 nutzen. Dort habe ich bereits das Winterkönig-Hochbeet und das Winterwunder-Hochbeet vorgestellt – beide perfekt für die kalte Jahreszeit. Diese Bepflanzungen sind „echte Winterbepflanzungen" für das Hochbeet und sollten erst im September gesät werden.

Diese Bepflanzung ist eher eine in den Spätherbst hinein.

Schritt 1:
Buschbohnen säen

Buschbohnen sind ideal für den Spätsommer, da sie schnell wachsen und noch vor den ersten Frösten geerntet werden können.

Geeignete Salatsorten:
Saxa, Maxi, Caruso

Pflanzhinweise:

Vorziehen: Direktsaat ist möglich, Bohnen keimen zuverlässig bei warmem Boden.

Pflanzabstände: 8 cm zwischen den Bohnen, 30 cm zur nächsten Reihe sollten eingehalten werden.

Pflege: Erde locker halten, regelmäßig gießen, aber Staunässe vermeiden. Kontinuierliche Ernte fördert die Blütenbildung.

Schritt 2:
Rote Bete säen

Rote Bete ist eine robuste Herbstkultur und entwickelt sich bei den milden Temperaturen des Spätsommers optimal.

Geeignete Salatsorten:
Rote Kugel 2, Robuschka, Boltardy

Pflanzhinweise:

Vorziehen: Als Direktsaat oder Jungpflanzen einsetzen.

Pflanzabstände: Zwischen den Pflanzen 10 cm und 30 cm Abstand zwischen den Reihen einhalten.

Pflege:: Regelmäßig, aber sparsam gießen. Junge Blätter können geerntet und als Salat verwendet werden.

Schritt 3:
Lauchzwiebeln pflanzen

Lauchzwiebeln sind eine unkomplizierte Kultur, die auch noch im Herbst geerntet werden kann.

Geeignete Salatsorten:
Ishikura Long White, White Lisbon, Performer

Pflanzhinweise:

Vorziehen: In Direktsaat oder als vorgezogene Jungpflanzen setzen.

Pflanzabstände: Halte 8 cm zwischen den Pflanzen und 30 cm zwischen den Reihen ein.

Pflege: Gleichmäßig feucht halten. Regelmäßig düngen sorgt für kräftiges Wachstum.

Schritt 4: Salat pflanzen

Salate sind perfekte Herbstkulturen, da sie kühleres Wetter bevorzugen und bis in den Spätherbst geerntet werden können.

Geeignete Salatsorten:

Lollo Rosso, Lollo Bionda, Winterkopfsalat

Pflanzhinweise:

Vorziehen: Jungpflanzen können ab Ende August ins Hochbeet gesetzt werden.

Pflanzabstände: 30 cm Abstand zwischen den Pflanzen und 50 cm zwischen den Reihen sind nötig.

Pflege: Erde gleichmäßig feucht halten, regelmäßig Blätter ernten, um die Pflanze im Wachstum zu halten.

Schritt 5: Grünkohl pflanzen

Grünkohl ist eine frostharte Kultur und entwickelt sein bestes Aroma nach den ersten kalten Nächten.

Geeignete Salatsorten:

Westländer Winter, Lerchenzungen, Halbhoher grüner Krauser

Pflanzhinweise:

Vorziehen: Jungpflanzen setzt du ab August. Für die Direktsaat ist es zu spät.

Pflanzabstände: 50 cm Abstand zwischen den Pflanzen müssen sein.

Pflege: Ausreichend gießen, vor allem in der Wachstumsphase. Frost verbessert den Geschmack.

Hier gehts zur Videoanleitung:

VIDEO:
Hochbeet bepflanzen August & September, Pflanzplan für Ernte im Spätherbst & Winter →https://www.youtube.com/watch?v=VNNJ2SRNiEU

Wer die Bepflanzung im August oder September verpasst hat, bekommt im Oktober die letzte Chance. Jetzt ist der richtige Zeitpunkt – viel später sollte sie nicht mehr hinausgezögert werden!

VIDEO:
Hochbeet im Oktober für den Winter bepflanzen mit Pflanzplänen und genauen Sortenangaben! →https://youtu.be/yOLuR2ZAeKo?si=M3aqbEIXR9JiM4qx

VERLÄNGERE DEINE ANBAUSAISON IM HOCHBEET

Ein Frühbeetaufsatz für ein Hochbeet ist eine einfache und effektive Möglichkeit, um die Gartensaison zu verlängern. Er schützt die Pflanzen vor Frost, hält die Wärme im Beet und schafft ein optimales Mikroklima, das die Keimung und das Wachstum beschleunigt. Besonders in den kühleren Monaten im zeitigen Frühjahr und späten Herbst bietet ein Frühbeet- bzw. Spätherbstaufsatz viele Vorteile.

VORTEILE EINES FRÜHBEETAUFSATZES

Verfrühung der Aussaat: Mit einem Frühbeetaufsatz kann bereits ab März gesät werden, da die Konstruktion die Wärme speichert und den Boden frostfrei hält.

Schutz vor Kälte und Witterung: Junge Pflanzen und empfindliche Keimlinge werden vor Spätfrösten, starkem Regen und kalten Winden geschützt.

Verlängerung der Erntezeit: Im Herbst sorgt der Aufsatz dafür, dass die Vegetationsperiode verlängert wird, sodass länger geerntet werden kann.

Bessere Wachstumsbedingungen: Das geschützte Klima unter dem Aufsatz fördert eine gleichmäßige Keimung und gesunde Pflanzenentwicklung.

Gekauft oder selbst gebaut – beide Varianten sind möglich

Ein Frühbeetaufsatz kann fertig gekauft werden oder mit einfachen Mitteln selbst gebaut werden. Gekaufte Modelle sind in verschiedenen Größen und Materialien erhältlich und lassen sich leicht auf Hochbeete anpassen. Doch auch der Eigenbau ist unkompliziert und kostengünstig.

DIY-ANLEITUNG: FRÜHBEETAUFSATZ SELBST BAUEN

Mit wenigen Materialien kann ein Frühbeetaufsatz selbst realisiert werden:

Materialien:

- Elektroinstallationsrohre (flexible Kunststoffrohre)
- Kälteschutzvlies
- Kabelbinder oder Klemmen zur Befestigung

Anleitung:

Bögen erstellen: Die Installationsrohre werden so gebogen, dass sie über das Hochbeet passen. Die Enden werden in der Erde oder an der Innenseite des Hochbeetrahmens fixiert.

Vlies befestigen: Das Kälteschutzvlies oder die Folie wird über die Bögen gespannt und an den Enden mit Klemmen oder Kabelbindern befestigt.

- **Lüftung ermöglichen:** Für warme Tage kann das Vlies leicht an einer Seite hochgeklappt werden, um eine gute Luftzirkulation zu gewährleisten.

Diese Konstruktion ist flexibel und kann bei Bedarf einfach entfernt oder angepasst werden. Zudem lassen sich die Materialien leicht ersetzen oder erweitern.

Ein Frühbeetaufsatz für das Hochbeet ist also eine lohnende Investition – egal, ob gekauft oder selbst gebaut. Er ermöglicht es, das Hochbeet effizienter zu nutzen und unabhängig von der Jahreszeit frisches Gemüse zu ernten.

In diesem Video zeige ich dir, wie du einen Aufsatz selbst bauen kannst. Du kannst ihn mit einem Kulturschutznetz verwenden und bei Bedarf ein Kälteschutzvlies darüber installieren.

VIDEO:
Hochbeet-Aufsatz selber bauen: Schritt-für-Schritt-Anleitung + Materialliste!
→https://youtu.be/FOYWPFF2GUo

Wo kann man Kälteschutzvlies bestellen?

Kälteschutzvliese sind in Gartencentern, Baumärkten und online erhältlich. Beliebte Online-Händler wie Amazon, Garten-Versandhäuser (z. B. Gärtner Pötschke, Baldur-Garten) oder spezialisierte Shops wie biogartenversand.de bieten eine breite Auswahl an.

Welche Stärken eignen sich für das Hochbeet?

- **17 g/m²**: Leichter Frostschutz, ideal, um im Frühjahr oder Herbst die Temperatur leicht zu erhöhen.
- **30 g/m²:** Mittlerer Frostschutz, geeignet für empfindlichere Pflanzen. Diese Stärke schützt auch vor Wind und sorgt für ein stabileres Mikroklima.
- **50 g/m² und mehr:** Starker Frostschutz, geeignet für harte Winter oder extreme Kälteperioden. Diese Variante ist robuster und langlebiger.

Für ein Hochbeet empfiehlt sich ein Vlies mit 30 bis 50 g/m², da es sowohl Schutz vor Frost als auch Stabilität bei wiederholter Nutzung bietet.

Kosten

Die Preise für Kälteschutzvliese variieren je nach Größe und Stärke:

- **17 g/m²:** Ab 5 bis 10 € f
ür kleinere Packungen (5 bis 10 m²)
- **30 g/m²:** Ab 10 bis 20 €
für 10 bis 20 m²
- **50 g/m²:** Ab 15 bis 30 €
für größere Flächen (10 bis 20 m²)

Lebensdauer

Hochwertige Kälteschutzvliese sind bei richtiger Handhabung (z. B. trockene Lagerung, schonende Nutzung) über mehrere Jahre hinweg verwendbar. Sie sind UV-beständig und reißfest, was sie besonders langlebig macht. Für das Hochbeet lohnt sich die Investition in ein gutes Vlies, da es die Ernte verlängern und die Pflanzen zuverlässig schützen kann.

DIE HÄUFIGSTEN KRANKHEITEN UND PROBLEME IM HOCHBEET UND WAS DU DAGEGEN TUN KANNST

Kein Gärtner bleibt von ihnen verschont: Schädlinge und Krankheiten gehören zum natürlichen Kreislauf in jedem Garten. Besonders im Hochbeet können sich Schädlinge schnell zur Plage entwickeln, weil die Pflanzen oft dicht beieinanderstehen. Aber das bedeutet nicht, dass du deine sorgsam gepflegten Pflanzen kampflos aufgeben musst. Wenn du – wie ich – auf chemische Mittel verzichten möchtest, ist es umso wichtiger, Probleme frühzeitig zu erkennen und gezielt anzugehen. Der Schlüssel zu einer ertragreichen Ernte liegt in der richtigen Mischung aus Prävention und gezielten Maßnahmen.

In meinen Hochbeeten habe ich so ziemlich alles erlebt, was schiefgehen kann: Schnecken, die über Nacht ganze Pflanzen abfressen, Erdflöhe, die Löcher in die Blätter bohren, und natürlich der allgegenwärtige Mehltau. Doch keine Sorge – aus diesen Erfahrungen habe ich gelernt. Hier teile ich die besten Tipps mit dir, um deine Pflanzen zu schützen. Oft ist es ein guter erster Schritt, deine Pflanzen gesund und widerstandsfähig zu halten. Denn ein gesunder Boden und eine optimale Pflege stärken dein Gemüse, sodass es kleineren Schäden gut standhalten kann.

Ein Befall bedeutet also nicht zwangsläufig den Verlust der Ernte. Viele Pflanzen erholen sich erstaunlich gut, wenn sie grundsätzlich gesund sind. Neben akuten Maßnahmen gibt es auch präventive Ansätze, die helfen, Schädlinge und Krankheiten zu verhindern. Sofortaktionen bei Schädlingsbefall umfassen das Absammeln der Schädlinge und das gezielte Entfernen befallener Pflanzenteile. Der richtige Standort, hochwertige Erde und eine angepasste Bewässerung tragen wesentlich dazu bei, Problemen vorzubeugen. Zudem kannst du natürliche Gegenspieler wie Nützlinge gezielt einsetzen, um das Gleichgewicht im Hochbeet zu fördern und zu erhalten.

In diesem Kapitel erfährst du alles über die typischen Schädlinge im Hochbeet. Du lernst, wie du einen Befall durch Schnecken, Mäuse, Erdflöhe und andere Plagegeister erkennst und wie du sie umweltfreundlich bekämpfst. Zudem sprechen wir über Krankheiten wie Pilzbefall und Probleme, die durch Pflegefehler wie Überwässerung oder Nährstoffmangel entstehen können. Ich zeige dir Schritt für Schritt, wie du deine Pflanzen vor Krankheiten und Schädlingen schützt, sodass du deine Ernte mit möglichst wenigen Verlusten genießen kannst.

SCHÄDLINGE IM HOCHBEET

Schädlinge – allein das Wort lässt viele Hobbygärtner nervös werden. Aus eigener Erfahrung kann ich das nur zu gut nachvollziehen. Ich erinnere mich noch genau daran, wie ich vor vielen Jahren mit dem Gärtnern anfing. Schnell stellte ich fest, dass ich meine Ernte nicht nur mit meiner Familie teilen würde, sondern auch mit ungebetenen Gästen – ob ich wollte oder nicht. Schnecken, Mäuse, Erdflöhe und andere Plagegeister schienen sich regelrecht auf mein frisch gepflanztes Gemüse zu stürzen, als wäre es ein All-inclusive-Buffet. Die Enttäuschung ließ nicht lange auf sich warten: angefressene Blätter, Löcher in den Salatpflanzen und Setzlinge, die über Nacht verschwanden. Von Anfang an war für mich aber klar, dass ich das Problem nicht mit chemischen Mitteln lösen wollte.

Schädlinge wie Schnecken, Blattläuse, Erdflöhe oder Mäuse sind zweifellos ein Ärgernis, aber sie gehören nun einmal zum Garten, genauso wie Erde und Blätter, Sonne und Regen. Sie sind Teil des natürlichen Kreislaufs. Es gibt nicht umsonst das Sprichwort: „Wenn im Garten nichts weggefressen wird, dann ist Dein Garten nicht Teil der Natur."
Es wäre ein Fehler, die Umwelt mit aggressiven Mitteln zu belasten, nur um die unerwünschten Besucher zu bekämpfen. Nützliche Insekten, wie Bienen, Marienkäfer und Regenwürmer, sowie Mikroorganismen sorgen für das natürliche Gleichgewicht und die Gesundheit deiner Pflanzen. Damit sind sie essenziell für dein Hochbeet. Handelsübliche chemische Schädlingsbekämpfungsmittel sind zwar schnell und effektiv, schädigen jedoch auch diese wertvollen Helfer.
Und das ist nicht das einzige Problem: Rückstände der Chemikalien gelangen über den Boden in deine Pflanzen und letztlich auf deinen Teller. Und mal ehrlich – das möchte doch niemand.

Meine Erfahrung hat gezeigt: Mit der richtigen Vorbereitung und einigen cleveren Tricks kannst du Schädlinge umweltfreundlich bekämpfen. Es braucht zwar etwas Geduld und Kreativität, aber es lohnt sich. Natürliche Methoden helfen, Schädlinge in Schach zu halten, ohne die Umwelt zu schädigen. Dazu gehören der Einsatz von Nützlingen, das Errichten von Barrieren und der Einsatz von pflanzlichen Mitteln. Diese Methoden fördern zudem ein gesundes Gartenklima.

Im Laufe der Jahre habe ich viele Dinge ausprobiert – von der Förderung von Nützlingen bis hin zu Mischkulturen, die Fressfeinde abhalten. Der Erfolg spricht für sich: Jahr für Jahr freue ich mich über gesunde Pflanzen und eine reiche Ernte, ohne dabei die Umwelt zu belasten.

Ein gesunder Garten beginnt mit einem bewussten Umgang mit der Natur. Und das Beste daran? Du lernst ständig dazu und entwickelst ein Gespür für deinen Garten. Schädlinge zu bekämpfen, ist nicht nur eine Frage der richtigen Mittel, sondern auch eine Lernerfahrung, die dich wachsen lässt.

Ich stelle dir jetzt die häufigsten Schädlinge im Garten vor und verrate dir, wie du sie schnell und umweltfreundlich wieder loswirst.

Schnecken

Schnecken sind der Albtraum eines jeden Hobbygärtners – und ich spreche aus Erfahrung. Kaum hast du deine Salat- oder Gemüsepflanzen liebevoll ins Hochbeet gesetzt, machen sich die kleinen Kriecher daran zu schaffen und fressen sich durch deine mühevoll angelegten Beete.

Schneckenbefall erkennen

Du erkennst einen Schneckenbefall meist nach Regentagen oder an feuchten Abenden, wenn du sie direkt beim Fressen an den Blättern erwischst. Am nächsten Morgen findest du oft nur noch angefressene Reste deiner Pflanzen. Nacktschnecken hinterlassen charakteristische schleimige Spuren, die sowohl an den Pflanzen als auch auf dem Boden gut sichtbar sind.

Besonders zarte Blätter, Jungpflanzen und verschiedene Gemüsesorten sind für Schnecken attraktive Nahrungsquellen. Salat, Kohl und Erdbeeren stehen ganz oben auf ihrem Speiseplan. Ein Schneckenbefall ist leicht an unregelmäßigen Löchern in den Blättern zu erkennen, die meist an den Rändern beginnen. Junge Pflanzen sind besonders gefährdet, da die schleimigen Plagegeister sie oft komplett kahl fressen und so innerhalb kürzester Zeit zerstören.

Schnecken im Hochbeet bekämpfen: effektive Methoden

Die Bekämpfung von Schnecken im Hochbeet erfordert regelmäßige Maßnahmen und den Einsatz bewährter Methoden. Hier sind einige Tipps, die ich selbst erprobt habe:

Tägliches Absammeln: Am effektivsten ist es, die Schnecken täglich abzusammeln. Gerade abends kommen sie heraus. Mit einer Stirnlampe bewaffnet, kannst du sie nach Einbruch der Dunkelheit leicht finden – besonders unter Salatblättern, einem ihrer bevorzugten Verstecke.

Schneckenkragen: Ein Schneckenkragen um deine Pflanzen oder rund um das Hochbeet verhindert, dass Schnecken Zugang zu den Pflanzen bekommen. Diese Barriere hält die Kriecher fern, ohne dass chemische Mittel notwendig sind.

Nicht zu 100 Prozent sicher, aber ein sehr guter Zusatzschutz.

Elektrisches Schneckenband: Ein sehr wirksames Mittel ist das elektrische Schneckenband, das um das Hochbeet geklebt wird. Sobald die Schnecken damit in Kontakt kommen, erhalten sie einen leichten Stromstoß, der sie zur Umkehr zwingt, ohne sie zu töten.

VIDEO:
Elektrischer Schneckenzaun gegen Schnecken! Funktioniert er wirklich? → https://youtu.be/bAPL6fg7Agw

Wirkungslose Hausmittel vermeiden: Viele Hausmittel wie Eierschalen, Kaffeesatz oder ähnliche Methoden sind weit verbreitet, aber leider wirkungslos. Sie halten Schnecken nicht effektiv fern und sind daher keine verlässliche Lösung.

VIDEO:
Schneckenplage im Hochbeet JETZT beenden! →https://youtu.be/u648xH-r2Vc

Mäuse

Mäuse im Hochbeet können schnell zu einem ernsthaften Problem werden und deine Ernte gefährden. Besonders wenn die Temperaturen im Herbst sinken, suchen diese Nagetiere nach einem geschützten Unterschlupf. Ein Hochbeet bietet ihnen ideale Bedingungen: lockere Erde zum Graben und eine Vielzahl an Wurzeln und Knollen, die als Nahrung dienen. Die Nager graben unterirdische Gänge und fressen an den Wurzeln oder Knollen, was die Pflanzen schwächt und im schlimmsten Fall zum Absterben führt. Besonders Wurzelgemüse wie Karotten, Rüben und Knollenpflanzen sind gefährdet.

Hast du Mäuse in deinem Beet? Diese Anzeichen sprechen dafür
Mäuse sind sehr scheu und nachtaktiv, daher wirst du sie selten bei der Arbeit sehen. Allerdings hinterlassen sie deutliche Spuren. Achte auf kleine Erdhaufen oder aufgewühlte Erde an den Rändern des Beets – dies deutet auf ihre unterirdischen Gänge hin. Ein weiteres Anzeichen sind angefressene Wurzeln oder das plötzliche Verkümmern von Pflanzen, die zuvor gesund wirkten. Angeknabberte Früchte oder Gemüseteile sind ebenfalls ein klares Warnsignal. Besonders auffällig ist es, wenn Setzlinge über Nacht verschwinden oder größere Pflanzen plötzlich umkippen, weil ihre Wurzeln beschädigt wurden. Bemerkst du diese Schäden, solltest du sofort

Maßnahmen ergreifen, um die Mäuseplage in den Griff zu bekommen.

Mäuse aus dem Hochbeet vertreiben

Zum Glück gibt es effektive und umweltfreundliche Möglichkeiten, um Mäuse aus dem Hochbeet zu vertreiben und deine Ernte zu schützen. Der wichtigste Tipp ist, direkt bei der Installation des Hochbeets ein engmaschiges Gitter oder Drahtnetz am Boden des Beets anzubringen. Dieses Gitter solltest du unter das Hochbeet legen, bevor du es mit Erde befüllst. Es verhindert effektiv, dass Mäuse von unten in das Hochbeet eindringen und sich in den Wurzeln deiner Pflanzen einnisten. Achte darauf, dass das Maschengewebe fein genug ist, damit selbst kleine Mäuse nicht hindurchschlüpfen. Allerdings sind Mäuse sehr gute Kletterer, weshalb das Gitter den Schutz zwar erhöht, aber nicht vollkommen mäusesicher ist.

Viele Hobbygärtner haben auch positive Erfahrungen mit Ultraschallgeräten gemacht. Diese Geräte senden für den Menschen nicht hörbare Töne aus, die für Mäuse unangenehm und abschreckend wirken. Diese Methode ist besonders praktisch, da sie keine giftigen Stoffe verwendet und langfristig die Nager fernhalten kann.

Falls diese Maßnahmen nicht ausreichen, kannst du Lebendfallen aufstellen. Mit diesen Fallen kannst du Mäuse ohne Schaden fangen. Als Köder eignen sich Käse, Schokolade oder Brot mit Nuss-Nougat-Aufstrich. Sobald die Maus in der Falle ist, kannst du sie an einem weit entfernten Ort in der Natur freilassen. So schützt du dein Hochbeet, ohne auf Gift oder tödliche Schlagfallen zurückgreifen zu müssen.

Erdflöhe

Erdflöhe sind winzige Käfer, die zur Familie der Blattkäfer gehören und in Gärten leider häufig anzutreffen sind. Ihren Namen verdanken sie ihrer bemerkenswerten Sprungkraft, mit der sie sich blitzschnell bewegen können. Erdflöhe bevorzugen trockene, sonnige Bedingungen und treten besonders im Frühjahr und Sommer auf, wenn sie über junge Pflanzen herfallen. Sie ernähren sich von den Blättern und hinterlassen charakteristische kleine, runde Löcher, die die Fotosynthese deiner Pflanzen beeinträchtigen. Besonders Rettich, Radieschen und Kohlgewächse sind häufige Opfer von Erdflöhen.

VIDEO:
Erdflöhe natürlich bekämpfen: 7 wirksame Mittel →https://youtu.be/R4G_w8axczc

Woran du Erdflöhe im Hochbeet erkennst

Die Schäden durch Erdflöhe sind relativ leicht zu erkennen. Kleine, runde Löcher in den Blättern, besonders bei jungen Pflanzen, sind ein sicheres Zeichen für einen Befall. Manchmal

kannst du die winzigen Käfer sogar springen sehen, wenn du die Blätter bewegst. Da sie jedoch sehr scheu und flink sind, entziehen sie sich oft dem direkten Blick.
Besonders in trockenen Perioden verschlimmert sich der Befall, da Erdflöhe trockene Böden und eine warme Umgebung bevorzugen. Ein weiteres Anzeichen für einen Befall ist das langsame Wachstum der betroffenen Pflanzen oder sogar ihr Verkümmern. Die Fraßschäden schwächen die Pflanzen, was zu einer deutlichen Reduzierung der Ernteerträge führen kann. Wenn deine Pflanzen zunehmend schlechter aussehen, lohnt sich ein genauer Blick auf die Blätter.

So wirst du Erdflöhe wieder los

Zwar gibt es im Handel zahlreiche chemische Mittel gegen Erdflöhe, diese sind aber selten umweltfreundlich. Eine einfache und effektive Alternative ist das regelmäßige Gießen deines Hochbeets und das regelmäßige Auflockern der Erde mit einem Handgrubber. Erdflöhe mögen keine Feuchtigkeit, weshalb schon eine erhöhte Bewässerung dazu beitragen kann, sie fernzuhalten. Zusätzlich hält das Mulchen den Boden länger feucht, was die Käfer ebenfalls abschreckt.

Blattläuse

Blattläuse sind winzige, weiche Insekten, die zur Familie der Aphidoidea gehören und sich meist in großen Kolonien auf der Unterseite von Blättern oder an jungen Trieben ansiedeln. Sie ernähren sich, indem sie den Pflanzensaft mit ihren stechend-saugenden Mundwerkzeugen aufnehmen. Dieser Vorgang schwächt das Pflanzengewebe und entzieht der Pflanze wichtige Nährstoffe, was zu Wachstumsstörungen führt. Zudem scheiden Blattläuse eine zuckerhaltige Substanz namens Honigtau aus, die das Wachstum von Rußtaupilzen begünstigt und die Fotosynthese beeinträchtigen kann. Noch bedenklicher ist, dass Blattläuse als Überträger von Viruserkrankungen fungieren, die Pflanzen zusätzlich schädigen können. Ein unbehandelter Befall kann daher nicht nur zu verlangsamtem Wachstum und deformierten Blättern führen, sondern im schlimmsten Fall das Welken und Absterben der Pflanze zur Folge haben.

Blattlausbefall im Hochbeet erkennen

Blattläuse sind mit bloßem Auge erkennbar und treten häufig an den jungen Trieben und der Unterseite der Blätter auf. Es gibt sie in verschiedenen Farben wie Grün, Schwarz oder Gelb. Allerdings sind sie nur wenige Millimeter groß, weshalb ist genaues Hinschauen notwendig ist. Ein typisches Anzeichen für einen Befall sind

gekräuselte, vergilbte Blätter und ein allgemein langsameres Pflanzenwachstum.
Ein weiteres Warnsignal ist das verstärkte Auftreten von Ameisen. Ameisen werden von dem Honigtau angezogen, den die Blattläuse absondern. Falls du also verkümmerte Pflanzen mit gekräuselten Blättern und vermehrt Ameisen entdeckst, handelt es sich höchstwahrscheinlich um einen Blattlausbefall.

Umweltfreundliche Methoden gegen Blattläuse

Zum Glück gibt es eine Vielzahl an umweltfreundlichen Methoden, um Blattläuse effektiv zu bekämpfen:

Abspritzen mit Wasser: Eine der einfachsten Methoden besteht darin, die befallenen Pflanzen mit einem starken Wasserstrahl abzuspritzen. Dadurch werden die Blattläuse mechanisch entfernt, was den Befall deutlich reduzieren kann.

Seifenlauge: Eine bewährte natürliche Lösung ist das Besprühen der Pflanzen mit Seifenlauge. Hierfür löst du etwa einen Esslöffel Kernseife in einem Liter Wasser auf und sprühst die betroffenen Pflanzen gründlich ein. Diese Methode erstickt die Blattläuse und ist schonend für die Pflanzen.

Nützlinge fördern: Natürliche Fressfeinde wie Marienkäfer, Florfliegen und Schlupfwespen sind effektive Verbündete gegen Blattläuse. Indem du Pflanzen wie Dill oder Schafgarbe in deinem Garten anpflanzt, lockst du diese Nützlinge an. Sie helfen dir, die Blattlauspopulation auf natürliche Weise zu verringern.

Neemöl: Bei hartnäckigen Befällen kann der Einsatz von Neemöl sinnvoll sein. Dieses natürliche Insektizid wirkt gegen Blattläuse, ohne deine Gemüsepflanzen zu schädigen. Es unterbindet die Nahrungsaufnahme der Läuse und führt dazu, dass sie absterben.

VIDEO:
Blattläuse haben gegen dieses Mittel keine Chance!:
→https://youtu.be/IkrTCgRqkhw

Weiße Fliege

Als leidenschaftlicher Gärtner habe ich im Laufe der Jahre viele Herausforderungen erlebt, aber die Weiße Fliege zählt definitiv zu den nervigsten Schädlingen. Diese winzigen Insekten, die eigentlich zur Familie der Mottenschildläuse (Aleyrodidae) gehören, können deine Ernte ernsthaft gefährden, wenn du nicht schnell genug reagierst. Sie siedeln sich bevorzugt auf der Unterseite der Blätter an und ernähren sich von Pflanzensaft. Besonders im Sommer, wenn es warm und feucht ist, vermehren sie sich rasend schnell, da die Weiße Fliege bei Temperaturen über 20 °C optimale Bedingungen findet.

Weiße Fliege im Hochbeet: So erkennst du sie

Das Problem an der Weißen Fliege ist ihre Vorliebe, sich auf der Unterseite der Blätter zu verstecken. Anfangs habe ich sie oft übersehen, bis ich bemerkte, dass die Blätter meiner Pflanzen vergilbten und welkten. Besonders gefährdet sind Gemüsepflanzen wie Bohnen, Gurken, Tomaten und verschiedene Kohlsorten. Sowohl die Larven als auch die erwachsenen Weißen Fliegen schädigen die Pflanzen, indem sie den Pflanzensaft aussaugen. Das entzieht den Pflanzen lebenswichtige Nährstoffe, schwächt sie erheblich und macht sie anfälliger für Krankheiten.

Zusätzlich hinterlassen Weiße Fliegen ähnlich wie Blattläuse einen klebrigen Honigtau, der die Pflanzen weiter belastet. Dieser Honigtau fördert den Rußtaupilz, der sich besonders schnell bei warmem und feuchtem Wetter ausbreitet. Der Pilz bildet einen schwarzen Belag auf den Blättern, was die Fotosynthese hemmt und das Pflanzenwachstum weiter beeinträchtigt. Ein deutliches Anzeichen für einen Befall ist, wenn beim Berühren der Pflanze eine kleine Wolke von Weißen Fliegen aufgewirbelt wird.

Weiße Fliegen natürlich bekämpfen

Im Laufe der Jahre habe ich verschiedene Methoden ausprobiert, um die Weiße Fliege zu bekämpfen. Der erste Erfolg kam mit Gelbtafeln: Diese klebrigen Tafeln ziehen die Weißen Fliegen an und fangen sie effektiv ein. Indem ich sie einfach in die Nähe der betroffenen Pflanzen gehängt habe, konnte ich die Population deutlich reduzieren.

Ein weiterer effektiver Tipp ist, den Garten so zu gestalten, dass er nützlingsfreundlich wird und natürliche Feinde von Schädlingen wie der Weißen Fliege beherbergen kann. Schlupfwespen und Raubwanzen, die natürliche Feinde der Weißen Fliege sind, lassen sich durch einfache Maßnahmen im Garten ansiedeln oder in ihrer Vermehrung unterstützen. Eine wichtige Grundlage dafür ist das Anlegen von Blühstreifen oder Wildblumeninseln, die reichlich Pollen und Nektar bieten. Pflanzen wie Dill, Fenchel, Schafgarbe oder Koriander ziehen viele Nützlinge an und bieten ihnen Nahrung und Lebensraum.

Zudem ist es hilfreich, auf chemische Pflanzenschutzmittel zu verzichten, da diese auch Nützlinge schädigen können. Stattdessen kannst du natürliche Schutzräume schaffen, indem du Totholz, Steinhaufen oder kleine Hecken in der Nähe des Hochbeets platzierst, die Raubwanzen und anderen Nützlingen Rückzugsorte bieten. Auch das Aufhängen von speziellen Insektenhotels, die auf Schlupfwespen oder andere nütz-

liche Insekten ausgelegt sind, kann sie gezielt anlocken.
Seit ich begonnen habe, solche nützlingsfreundlichen Maßnahmen umzusetzen, ist der Schädlingsbefall in meinem Garten merklich zurückgegangen. Es ist beeindruckend zu sehen, wie die Natur ins Gleichgewicht kommt, wenn man ihr den Raum und die Unterstützung gibt, sich selbst zu regulieren.

Ein umweltfreundlicher **GEHEIMTIPP**, den ich gern weitergebe, ist der Einsatz von Knoblauchsud. Ich sprühe diesen natürlichen Sud regelmäßig auf meine Pflanzen und habe seitdem deutlich weniger Probleme mit Weißen Fliegen. Der Knoblauchsud ist ein schonender Schutz, der viele Schädlinge fernhält, ohne die Umwelt oder die Pflanzen zu belasten.

Thripse

Thripse (Thysanoptera), auch als Fransenflügler bekannt, sind winzige Insekten, die sowohl geflügelte als auch ungeflügelte Formen haben und sich im Hochbeet schnell zu einer Plage entwickeln können. Sie ernähren sich, indem sie Pflanzenzellen anstechen und aussaugen, was zu silbrigen Flecken auf den Blättern, Wachstumsstörungen und im schlimmsten Fall zu Ernteverlusten führen kann. Besonders anfällig sind Zwiebelgewächse, Buschbohnen, Gurken und Paprika, aber auch Zierpflanzen können betroffen sein. Thripse bevorzugen warme und trockene Bedingungen, weshalb sie in den Sommermonaten eine häufige Bedrohung darstellen.

Symptome und Anzeichen von Thripsenbefall

Ein Befall mit Thripse ist häufig an silbrigen Flecken auf den Blättern zu erkennen, die durch das Saugen der Insekten entstehen. Die betroffenen Blätter erscheinen blass und verfärben sich später gelb oder braun. Ein weiteres Anzeichen sind kleine schwarze Kotflecken, die die Thripse auf den Blättern hinterlassen. Bei starkem Befall kann es zu verkrüppelten Blättern und einem verzögerten Wachstum der Pflanze kommen. Zudem kann ein Befall an den Blüten dazu führen, dass sie sich nicht vollständig öffnen oder vorzeitig abfallen.

Thripse loswerden: So gehst du vor

Die Bekämpfung von Thripse erfordert Geduld und eine Kombination von Maßnahmen. Eine der effektivsten und umweltfreundlichsten Methoden ist der Einsatz von Nützlingen. Raubmilben (z. B. Amblyseius cucumeris), Florfliegenlarven oder Marienkäferlarven sind bekannte natürliche Feinde der Thripse und kön-

nen helfen, die Population in Schach zu halten.
Gelbtafeln sind ein weiteres hilfreiches Mittel, da sie die adulten Thripse anziehen und fangen, wodurch der Vermehrungszyklus unterbrochen wird. Bei einem starken Befall hat sich der Einsatz von Neemöl als wirksam erwiesen. Neemöl enthält Azadirachtin, eine natürliche Substanz, die das Wachstum der Thripse hemmt und ihre Fortpflanzung verhindert, ohne die Pflanze zu schädigen. Es ist für den Einsatz auf Gemüse und anderen Pflanzen zugelassen und gilt als unbedenklich für die Umwelt.

Trauermückenlarven

Die Trauermücken (Sciaridae) sind eine Familie der Zweiflügler (Diptera) und gehören zur Unterordnung der Mücken (Nematocera). Ihre Larven sind winzige Schädlinge, die sich bevorzugt in feuchten, organischen Böden ansiedeln – Bedingungen, die häufig in Hochbeeten zu finden sind. Besonders problematisch sind sie während der Anzuchtphase oder bei jungen Setzlingen, da sie die Wurzeln angreifen und das Wachstum der Pflanzen beeinträchtigen können. Die Larven ernähren sich von abgestorbenem Pflanzenmaterial, doch wenn dieses knapp wird, befallen sie auch lebende Wurzeln.
Ich habe dieses Problem einmal bei frisch gepflanzten Kräutern in meinem Hochbeet erlebt: Die Pflanzen hörten plötzlich auf zu wachsen und die Wurzeln wiesen deutliche Fraßspuren auf.

Erkennung von Trauermückenlarven im Hochbeet
Ein Befall mit Trauermückenlarven zeigt sich oft erst an der schlechten Entwicklung der Pflanzen. Wenn Setzlinge trotz guter Pflege welken oder kränklich aussehen, kann das ein Hinweis auf Trauermückenlarven sein. Ein weiteres Zeichen sind die kleinen, schwarzen Fliegen, die um die Pflanzen schwirren – die ausgewachsenen Trauermücken.

Die Larven selbst sind schwieriger zu entdecken, da sie sich in der Erde verstecken. Sie sind durchsichtige, wurmähnliche Larven, die oft in der Nähe der Pflanzenwurzeln zu finden sind. Wenn du den Verdacht auf einen Befall hast, lohnt es sich, die Erde vorsichtig zu durchsuchen. Bei meinen Kräutern habe ich die Übeltäter erst nach genauer Untersuchung entdeckt.

Natürliche Bekämpfung von Trauermückenlarven
Eine der effektivsten und umweltfreundlichsten Methoden zur Bekämpfung von Trauermückenlarven ist der Einsatz von Nematoden. Diese winzigen Fadenwürmer befallen die

Larven und töten sie ab. In meinem Hochbeet habe ich mit Nematoden sehr gute Erfahrungen gemacht – nach kurzer Zeit waren die Pflanzen wieder gesund. Nematoden sind völlig unbedenklich für die Pflanzen und die Umwelt.

Die oberste Erdschicht sollte möglichst trocken gehalten werden, da die Larven feuchte Bedingungen bevorzugen. Eine weitere nützliche Maßnahme sind Gelbtafeln, die die erwachsenen Trauermücken anlocken und fangen. Diese klebrigen Tafeln helfen, die Vermehrung der Fliegen zu stoppen und somit die Anzahl der Larven zu reduzieren. Ein konsequenter Einsatz von Gelbtafeln kann den Befallsdruck deutlich verringern und ist eine einfache Methode, um die Population unter Kontrolle zu halten.

VIDEO:
Trauermücken bekämpfen: 7 Mittel, die wirklich helfen!
→https://youtu.be/4E2SDOxreuo

ERKRANKUNGEN DURCH PILZE UND EINZELLER

Pilzerkrankungen sind ein weitverbreitetes Problem im Hochbeet, das selbst erfahrene Gärtner nicht immer verhindern können. Nach vielen Jahren im Gartenbau habe ich bereits einige unangenehme Begegnungen mit Pilzbefall gehabt. Besonders in feuchten Sommern oder bei zu dichter Bepflanzung verbreiten sich Pilzsporen sehr schnell. Ohne rechtzeitiges Eingreifen können sie deine Ernte ernsthaft gefährden.

Das Wichtigste beim Umgang mit Pilzinfektionen ist, die Symptome frühzeitig zu erkennen und sofort geeignete Maßnahmen zu ergreifen. Aus meinen eigenen Erfahrungen weiß ich: Je länger du wartest, desto schwieriger wird es, die Krankheit zu bekämpfen. Die gute Nachricht ist, dass du mit einigen präventiven Maßnahmen und umweltschonenden Methoden die Ausbreitung von Pilzerkrankungen in deinem Hochbeet wirksam eindämmen kannst.

In diesem Abschnitt zeige ich dir, wie du die häufigsten Pilzerkrankungen erkennst und was du tun kannst, wenn deine Pflanzen betroffen sind. Außerdem erfährst du, welche vorbeugenden Maßnahmen ich persönlich in meinem Hochbeet ergreife, um meine Pflanzen bestmöglich zu schützen.

Kraut- und Braunfäule: Gefahr für Tomaten und andere Hochbeet-Pflanzen

Die Kraut- und Braunfäule (Phytophthora infestans) ist eine äußerst aggressive Pilzkrankheit, die vor allem Tomaten, aber auch Auberginen und Paprika im Hochbeet stark schädigen kann. Sie betrifft alle Pflanzen aus der Familie der Nachtschattengewächse

(Solanaceae), zu der auch Kartoffeln und andere Gemüsesorten gehören. Besonders feuchtes Wetter und Temperaturen zwischen 10 und 15 °C bieten dem Pilz ideale Bedingungen. Unter diesen Voraussetzungen kann sich die Krankheit innerhalb weniger Tage ausbreiten und große Schäden verursachen. Kraut- und Braunfäule ist bekannt dafür, bei den passenden Wetterbedingungen sehr aggressiv zu sein und ganze Pflanzenbestände zu befallen.

VIDEO:
Braunfäule? OHNE MICH! Die erstaunliche Lösung, die Deine Tomaten rettet! →https://youtu.be/grU2GSRLIow

Erkennung der Kraut- und Braunfäule

Die ersten Anzeichen der Kraut- und Braunfäule sind dunkelbraune Flecken auf den Blättern, die oft an den Rändern beginnen und sich schnell über die gesamte Blattfläche ausbreiten. Die Blätter verfärben sich und sterben schließlich ab. Bei feuchter Witterung bildet sich auf der Unterseite der befallenen Blätter ein grauweißer Schimmelrasen, in dem die Sporen des Pilzes enthalten sind.

Nicht nur die Blätter, sondern auch die Stängel und Früchte können betroffen sein. Auf den Früchten – besonders bei Tomaten – erscheinen bräunliche, harte Flecken, die das Fruchtfleisch ungenießbar machen. Stark befallene Pflanzen verlieren ihre Blätter und Früchte, was zu einem massiven Ernteausfall führen kann.

Vorbeugung gegen Kraut- und Braunfäule

Die Vorbeugung ist entscheidend, um deine Tomaten und andere anfällige Pflanzen im Hochbeet vor Kraut- und Braunfäule zu schützen. Hier sind einige bewährte Maßnahmen:

Wasser von oben vermeiden: Gieße deine Pflanzen am besten nur von unten, also direkt an den Wurzeln, um zu verhindern, dass die Blätter nass werden. Nasse Blätter fördern die Ausbreitung des Pilzes.

Pflanzabstände einhalten: Achte auf ausreichenden Abstand zwischen den Pflanzen, damit die Luft gut zirkulieren kann. Eine gute Belüftung hilft den Blättern schneller trocknen. Somit wird das Risiko einer Infektion verringert.

Frühzeitige Schutzmaßnahmen: Verwende bereits früh im Jahr Pflanzenstärkungsmittel wie Schachtelhalm- oder Brennnesseltee, um die Widerstandskraft der Pflanzen zu erhöhen. Diese Mittel stärken die Zellwände der Pflanzen und erschweren es dem Pilz, Fuß zu fassen.

Überdachung oder Regenschutz: Schütze deine Pflanzen möglichst bei starkem Regen mit einem Regenschutz oder einer Überdachung. Besonders Tomaten profitieren davon, wenn sie vor anhaltender Nässe geschützt werden.
Fruchtfolge beachten: Pflanze nicht jedes Jahr die gleichen Kulturen an derselben Stelle im Hochbeet an. Eine wechselnde Fruchtfolge verringert die Wahrscheinlichkeit, dass Pilzsporen im Boden überleben und deine Pflanzen im nächsten Jahr erneut infizieren.

Bekämpfung der Kraut- und Braunfäule

Sobald du die ersten Anzeichen von Kraut- und Braunfäule entdeckst, ist schnelles Handeln entscheidend:

Befallene Pflanzenteile entfernen: Schneide alle betroffenen Blätter, Stängel und Früchte sorgfältig ab und entsorge sie im Restmüll, nicht im Kompost. Dadurch verhinderst du, dass sich die Sporen verbreiten. Eine sichere Entsorgung ist wichtig, da die Sporen im Kompost überleben können. Wenn dieser nicht vollständig und heiß genug kompostiert wird, können spätere Infektionen folgen. Sollte sich die Krankheit nach wenigen Tagen weiter ausbreiten, ist es ratsam, die betroffenen Pflanzen samt Wurzel komplett aus dem Hochbeet zu entfernen, um eine Ausbreitung auf gesunde Pflanzen zu verhindern.

Einsatz biologischer Spritzmittel: Biologische Pflanzenschutzmittel auf Kupferbasis können zur Eindämmung des Pilzes beitragen. Diese Mittel sollten jedoch sparsam und gezielt angewendet werden, da sie den Kupfergehalt im Boden erhöhen und langfristig die Bodenmikroflora beeinträchtigen können. Eine umweltschonendere Alternative sind selbst hergestellte Spritzmittel wie Schachtelhalmbrühe, die die Pflanzen stärken und ihre Widerstandsfähigkeit gegen Pilzbefall verbessern.

Bodenpflege: Nach der Saison ist eine gründliche Bodenpflege wichtig. Entferne alle Pflanzenreste und lockere den Boden regelmäßig auf, um die Durchlüftung zu fördern. Das Aufbringen von Komposterde kann helfen, die Bodenqualität zu verbessern und eine gesunde Grundlage für die nächste Pflanzperiode zu schaffen. Der Anbau von pilzresistenten Sorten und eine gezielte Fruchtfolge können das Risiko eines erneuten Befalls ebenfalls erheblich reduzieren.

Vorbeugende Maßnahmen: Um die Verbreitung der Kraut- und Braunfäule zu verhindern, ist eine gute Luftzirkulation entscheidend. Achte darauf, die Pflanzen mit ausreichend Abstand zu setzen, um eine bessere Belüftung zu gewährleisten.

Gieße die Pflanzen vorzugsweise am Morgen und direkt an der Wurzel, um Feuchtigkeit auf den Blättern zu vermeiden, da nasse Blätter den Pilzbefall fördern können.

Echter Mehltau: Erkennung, Vorbeugung und Bekämpfung

Echter Mehltau ist eine der häufigsten Pilzerkrankungen im Garten und kann im Hochbeet erhebliche Schäden verursachen. Der Pilz tritt besonders in warmen, trockenen Perioden auf und kann unbehandelt das Wachstum der Pflanzen beeinträchtigen, indem er die Fotosynthese behindert. Mit der Zeit können befallene Pflanzenteile absterben, was zu erheblichen Ernteverlusten führt.

Anfällige Pflanzenarten

Echter Mehltau betrifft viele Gartenpflanzen, darunter Zucchini, Gurken, Tomaten, Salate und Rosen. Auch Obstbäume wie Äpfel und Pflaumen sowie Zierpflanzen wie Phlox und Chrysanthemen sind anfällig. Es gibt verschiedene Stämme des Echten Mehltaus, die sich auf unterschiedliche Pflanzen spezialisiert haben. Das bedeutet, dass ein Mehltaupilz, der beispielsweise Gurken befällt, nicht zwangsläufig auf Tomaten oder Rosen übergreift. Jeder Pilzstamm kann also spezifisch auf eine bestimmte Pflanzenart oder -gruppe angepasst sein, weshalb gezieltere Vorbeugung und Bekämpfung möglich ist.

Echten Mehltau erkennen

Das auffälligste Anzeichen für Echten Mehltau ist ein weißer, mehlartiger Belag auf den Blättern, der sich auf der Blattoberfläche bildet. Der Pilz kann sich auch auf Stängeln, Blüten und Früchten ausbreiten. Zu Beginn erscheinen kleine, weiße Flecken, die sich schnell vergrößern. Typische Symptome sind:

- Verformte oder verkümmerte Blätter und Triebe
- Gelbverfärbung der Blätter
- Absterbende Pflanzenteile durch den Nährstoffentzug

Vorbeugung gegen Echten Mehltau

Die beste Schutzmaßnahme gegen Echten Mehltau ist die Vorbeugung. Hier sind einige bewährte Methoden:

Richtige Bewässerung: Gieße deine Pflanzen am Morgen, sodass das Laub tagsüber abtrocknen kann. Vermeide es, die Blätter zu benetzen, indem du direkt an der Basis der Pflanzen gießt, da nasses Laub die Ausbreitung der Pilzsporen begünstigt.

Ausreichender Pflanzabstand: Stelle sicher, dass die Pflanzen genügend Abstand zueinander haben, um eine gute Luftzirkulation zu gewährleisten. Schneide bei Bedarf übermäßige Blattmasse zurück, um die Luftzirkulation und das Eindringen von Licht zu verbessern.

Kaliumreiche Düngung: Eine kaliumbetonte Düngung stärkt die Zellwände der Pflanzen und erhöht ihre Widerstandskraft gegen Pilzinfektionen.

Widerstandsfähige Sorten: Setze auf mehltauresistente Sorten, insbesondere bei Pflanzen, die anfällig für den Pilz sind, wie Gurken oder Zucchini.

Bekämpfung von Echtem Mehltau

Sollte Echter Mehltau auftreten, gibt es verschiedene Maßnahmen, um die Ausbreitung des Pilzes einzudämmen. Befallene Pflanzenteile sollten entfernt werden. Schneide betroffene Blätter und Triebe sorgfältig ab und entsorge sie im Restmüll – nicht im Kompost –, um eine weitere Verbreitung der Sporen zu verhindern.

Hausmittel gegen Mehltau

Milch-Wasser-Mischung: Eine Mischung aus Wasser und Milch im Verhältnis 9:1 kann auf die befallenen Pflanzen gesprüht werden. Die Milch wirkt als natürliches Fungizid.

Backpulverlösung: Mische einen Teelöffel Backpulver mit einem Liter Wasser und füge ein paar Tropfen Spülmittel hinzu. Diese Mischung kann auf die Pflanzen gesprüht werden, um leichten Mehltaubefall zu bekämpfen.

Biologische Pflanzenschutzmittel: Bei starkem Befall können biologische Fungizide auf Basis von Schwefel oder Kaliumbicarbonat verwendet werden. Diese Mittel wirken effektiv und sind umweltfreundlich, da sie den Boden und die Pflanzen schonen.

VIDEO:
3 Sofortmaßnahmen, um Mehltau an Gurkenpflanzen zu bekämpfen!
→https://youtu.be/7W-TutKBzMQ

VIDEO:
MEHLTAU bekämpfen: Maximale Ernte bei Zucchini & Kürbis sichern!
→https://youtu.be/yMdCPleS

Falscher Mehltau: Erkennung, betroffene Pflanzen und Bekämpfung

Falscher Mehltau ist ein Pilzerreger, der bei einer Vielzahl von Pflanzenarten vorkommt und unter feucht-kühlen Bedingungen besonders gut gedeiht. Die Krankheit zeigt sich durch charakteristische Flecken, die je nach Pflanzenart variieren. Bei Gemüsearten wie Gurken und Zucchini treten zunächst gelblich-transparente Flecken auf der Blattoberseite auf, die sich später rötlich-braun verfärben können. Bei Tomaten sind die Flecken oft gelblich und bei Weinreben erscheinen sie ölig-durchscheinend. Rosen zeigen häufig rötlich-violette Verfärbungen.

Ein typisches Erkennungsmerkmal ist der schmutzig-graue bis violette Pilzrasen auf der Unterseite der Blätter, der sich bei starkem Befall auf Blüten und Früchte ausbreiten kann. Im Gegensatz zum Echten Mehltau dringt der Falsche Mehltau über die Spaltöffnungen der Blattunterseite in die Pflanze ein und durchzieht das Gewebe mit seinem Pilzgeflecht. Dadurch entzieht er der Pflanze wichtige Nährstoffe, was zu Wachstumsstörungen, Blattfall, dem Absterben der Knospen und erheblichen Ernteausfällen führt.

Betroffene Pflanzenarten

Besonders gefährdet durch Falschen Mehltau sind Kopfsalat, Spinat, Kohlarten, Gurken, Tomaten und Rosen. Auch Pflanzen wie Sonnenblumen, Petersilie (insbesondere Plasmopara crustosa) und Hopfen sind häufig betroffen. In Gewächshäusern kann Falscher Mehltau bei Gurken und Tomaten zu einem totalen Ernteausfall führen.Es gibt verschiedene Stämme des Pilzes, die jeweils spezifisch für bestimmte Pflanzenarten sind. Das bedeutet, dass ein Stamm, der beispielsweise Kopfsalat befällt, möglicherweise nicht auf Gurken übergreift. Trotzdem besteht die Gefahr einer Infektion für die gesamte Familie der betroffenen Pflanzenarten.

Der Pilz gedeiht besonders gut bei feuchten, kühlen Wetterbedingungen mit Temperaturen zwischen 10 und 15 °C. Zu dichte Bepflanzung, dauerhaft feuchte Blätter und eine stickstoffreiche Düngung können den Befall begünstigen. Die Krankheit kann von April bis in den späten September auftreten.

Bekämpfung

Vorbeugende Maßnahmen:

- Sorge für gleichmäßige Temperaturen, gute Belüftung und ausreichende Pflanzabstände, um Feuchtigkeit zu reduzieren.
- Dünge kaliumbetont, um die Pflanzen widerstandsfähiger gegen Pilzbefall zu machen.
- Gieße möglichst nur an der Basis der Pflanzen, um das Blattwerk trocken zu halten und das Mikroklima für den Pilz zu verschlechtern.

Erste Maßnahmen bei Befall:

- Entferne befallene Blätter, Früchte und Falllaub umgehend und entsorge sie im Restmüll, nicht auf dem Kompost, um die Sporen zu eliminieren.
- Halte die Pflanzen zurückgeschnitten, um eine gute Durchlüftung zu fördern und Staunässe zu verhindern.

Regelmäßige Pflege:

- Schneide die Pflanzen regelmäßig zurück, um die Luftzirkulation zu verbessern und das Blattwerk trocken zu halten.
- Bei empfindlichen Pflanzen wie Rosen kann es notwendig sein, vorbeugende Behandlungen alle 8 bis 14 Tage durchzuführen, insbesondere in feuchten Perioden.

Kohlhernie

Die Kohlhernie ist eine Pflanzenkrankheit, die durch den Erreger Plasmodiophora brassicae ausgelöst wird. Dieser gehört zu den einzelligen parasitischen Protisten aus der Gruppe der Phytomyxea innerhalb der Cercozoa. Der Erreger befällt die Wurzeln von Pflanzen aus der Familie der Kreuzblütler (Brassicaceae), zu denen sowohl Nutzpflanzen wie Kohl, Raps, Senf und Rettich als auch Zierpflanzen und verschiedene Unkräuter zählen.
Plasmodiophora brassicae verursacht Wucherungen und Missbildungen an den Wurzeln, was die Wasser- und Nährstoffaufnahme der Pflanzen stark beeinträchtigt. Dies führt zu Wachstumsstörungen und Ertragsverlusten sowie in schweren Fällen zum Absterben der Pflanzen. Die Überdauerungsstadien (Ruhe- oder Dauerformen) des Erregers können im Boden bis zu 20 Jahre infektiös bleiben. Dadurch gehört die Kohlhernie zu den Krankheiten im intensiven Kohlanbau, die den Ertrag am stärksten mindern.

Wie erkennt man Kohlhernie?

Die Symptome der Kohlhernie sind oft schwer zu erkennen, da sie vor allem im Wurzelbereich auftreten. Befallene Pflanzen zeigen zunächst unspezifische Anzeichen wie Wachstumsstörungen. Sie bleiben im Vergleich zu gesunden Pflanzen kleiner und welken schneller, insbesondere bei Trockenstress. Das charakteristische Symptom zeigt sich jedoch unter der Erde: Die Wurzeln der betroffenen Pflanzen entwickeln knollenartige Wucherungen oder Gallen, die die Aufnahme von Wasser und Nährstoffen massiv behindern.

Im Verlauf der Infektion werden die Pflanzen zunehmend geschwächt und können verhungern oder vertrocknen, obwohl sie äußerlich ausreichend versorgt sind. In stark betroffenen Beständen ist ein Totalverlust der Ernte möglich.

Eine Behandlung infizierter Pflanzen ist nicht möglich, da der Erreger Plasmodiophora brassicae in den Gallen der Wurzeln und anschließend als Dauerform im Boden überlebt. Die Ausbreitung der Krankheit erfolgt durch Bodenbewegung, kontaminiertes Wasser, Werkzeuge oder befallene Pflanzenreste. Ohne rechtzeitige Maßnahmen kann sich die Kohlhernie rasch weiter ausbreiten und die Bodenverseuchung über Jahre hinweg verstärken.

Maßnahmen gegen Kohlhernie

Die Bekämpfung der Kohlhernie erfordert konsequentes und schnelles Handeln, um die weitere Ausbreitung zu verhindern. Folgende Maßnahmen sind besonders wichtig:

Befallene Pflanzen entfernen: Befallene Pflanzen großzügig ausgraben. Darauf achten, auch die umliegende Erde mitzunehmen, da Sporen von Plasmodiophora brassicae im Boden verbleiben können.

Entsorgung: Die Pflanzenreste und die entnommene Erde im Restmüll entsorgen, keinesfalls auf dem Kompost. Die Sporen können dort überleben und durch die Nutzung des Komposts erneut in den Garten gelangen.

Reinigung von Gartengeräten: Alle Gartengeräte, die mit dem infizierten Boden in Kontakt gekommen sind, gründlich reinigen und desinfizieren. So wird eine Verbreitung des Erregers verhindert.

Bodenverbesserung: Den Boden durch Maßnahmen wie Gründüngung (z. B. mit Pflanzen, die nicht zu den Kreuzblütlern gehören, wie Phacelia oder Klee) und organische Humusgaben aufbauen. Diese fördern das Bodenleben und können dazu beitragen, die Belastung durch den Erreger langfristig zu reduzieren.

Fruchtfolge beachten: Nach einem Befall ist eine lange Anbaupause für Kreuzblütler essenziell. Verzichte für mindestens 4 bis 7 Jahre auf den Anbau von Pflanzen aus der Familie der Brassicaceae (z. B. Kohl, Raps, Senf). Während dieser Zeit können andere Pflanzenfamilien angebaut werden, die nicht anfällig für den Erreger sind.

pH-Wert des Bodens anpassen: Ein neutraler bis leicht alkalischer Boden-pH-Wert (6,8 bis 7,5) hemmt die Aktivität von Plasmodiophora brassicae. Dies kann durch kalkhaltige Düngemittel oder Gaben von Gartenkalk erreicht werden.

Widerstandsfähige Sorten wählen: In befallenen Gebieten können resistente oder weniger anfällige Kohl-Sorten angebaut werden. Diese bieten jedoch keinen vollständigen Schutz und sollten mit anderen Maßnahmen kombiniert werden.

Vorbeugung von Kohlhernie

Um Kohlhernie von vornherein zu vermeiden, solltest du auf die Bodenbeschaffenheit und die Standortbedingungen achten. Der Erreger Plasmodiophora brassicae bevorzugt schwere, feuchte Böden mit schlechter Drainage und Staunässe. Daher sind sandige Böden oder gut drainierte Standorte eine bessere Wahl für den Kohlanbau.

Vorteil sandiger Böden: Diese trocknen schneller ab und schaffen ungünstige Bedingungen für den Erreger. Allerdings enthalten sandige Böden oft weniger Nährstoffe. Eine regelmäßige Düngung mit Kompost oder organischem Material ist notwendig, um den Nährstoffbedarf der Starkzehrer wie Kohl zu decken.

Ein weiterer zentraler Aspekt ist der pH-Wert des Bodens, da Kohlhernie in sauren Böden besonders gut gedeiht.

Regelmäßige Überprüfung des pH-Werts: Ein pH-Wert unter 6 erhöht das Risiko eines Befalls. In diesem Fall kann eine Kalkung des Bodens sinnvoll sein. Das Kalken erhöht nicht nur den pH-Wert, sondern verbessert auch die Bodenstruktur und macht ihn für den Erreger weniger attraktiv.

Vorteile der Kalkung: Neben der Hemmung des Erregers sorgt Kalk für eine bessere Verfügbarkeit von Nährstoffen, was das Wachstum und die Gesundheit deiner Pflanzen unterstützt.

Zusätzlich können folgende Maßnahmen die Prävention unterstützen:

Fruchtwechsel beachten: Vermeide, über mehrere Jahre hinweg Kreuzblütler an der gleichen Stelle anzubauen.

Resistente Sorten verwenden: Nutze widerstandsfähige oder weniger anfällige Kohlsorten.

Gründüngung einsetzen: Pflanzen wie Phacelia, Senf oder Klee verbessern die Bodenstruktur und fördern das Bodenleben, ohne dem Erreger zu nutzen.

Krankheiten durch Pflegefehler

Pflegefehler im Hochbeet passieren besonders Anfängern sehr schnell. Oft führt der Eifer, den Pflanzen das Beste zu bieten, ungewollt zu Problemen – oder das Gegenteil ist der Fall: Man unterschätzt den tatsächlichen Pflegeaufwand und lässt die Pflanzen zu lange unversorgt. Egal, ob es zu viel oder zu wenig Wasser, ein Ungleichgewicht bei der Nährstoffzufuhr oder ein ungeeigneter Standort ist – all das kann deine Pflanzen schwächen und sie anfälliger für Krankheiten machen.
Häufige Probleme sind Wurzelfäule durch Staunässe, Überdüngung, die das Pflanzenwachstum hemmt, oder ein zu schattiger Standort, der Lichtmangel verursacht.
Auch Sonnenbrand und Trockenschäden sind typische Folgen unsachgemäßer Pflege und können deine Ernte gefährden.
Doch keine Sorge: Pflegefehler sind kein Grund, den Garten mit der resig-

nierten Einstellung „Ich habe einfach keinen grünen Daumen" aufzugeben. Im Gegenteil – solche Fehler bieten eine wertvolle Lerngelegenheit. Auch ich habe in meinen Anfangszeiten Pflanzen durch Überwässerung oder falsches Düngen verloren. Es dauerte eine Weile, bis ich lernte, die Bedürfnisse meiner Pflanzen besser zu verstehen und gezielt darauf einzugehen.

Wichtig ist, die Symptome frühzeitig zu erkennen und rechtzeitig gegenzusteuern. In diesem Kapitel zeige ich dir, wie du häufige Pflegefehler identifizierst und gezielt behebst, sodass deine Pflanzen geschützt bleiben. Mit etwas Erfahrung, Geduld und den richtigen Maßnahmen lassen sich viele Probleme verhindern oder korrigieren – so wird dein Hochbeet bald wieder gesund und kräftig gedeihen.

Wurzelfäule im Hochbeet: Ursachen, Erkennung und Vorbeugung

Wurzelfäule ist zwar kein sehr häufiges, aber ein durchaus mögliches Problem im Hochbeet, besonders wenn es zu Überwässerung kommt. Die Wurzeln deiner Pflanzen benötigen nicht nur Wasser, sondern auch ausreichend Sauerstoff. Wenn jedoch durch zu häufiges oder übermäßiges Gießen das Wasser im Hochbeet nicht richtig abfließen kann, kommt es zu Staunässe, die die Wurzeln regelrecht „ersticken" lässt. Die Wurzeln beginnen zu faulen und die Pflanze kann Nährstoffe und Wasser nicht mehr richtig aufnehmen. Dies führt zu Wachstumsstörungen und letztendlich zum Absterben der Pflanze.

Erste Anzeichen von Wurzelfäule im Hochbeet

Wurzelfäule ist tückisch, da die Symptome oft erst sichtbar werden, wenn der Schaden bereits fortgeschritten ist. Häufig verwechseln Gärtner die ersten Symptome von Wurzelfäule mit den Anzeichen von Wassermangel, was die Situation verschlimmert, weil dann noch mehr gegossen wird. Achte daher auf folgende Warnsignale:

- Schlaffe Blätter, die trotz ausreichender Bewässerung hängen oder welk wirken.
- Gelbliche Verfärbungen der Blätter, besonders bei älteren Blättern.
- Langsames Wachstum, da die Pflanze durch die faulenden Wurzeln nicht mehr ausreichend Nährstoffe aufnehmen kann.
- Ein fauliger Geruch aus dem Boden, der auf den Zerfall der Wurzeln hindeutet.

Wenn du diese Anzeichen bemerkst, solltest du die Pflanze vorsichtig aus der Erde ziehen. Sind die Wurzeln braun, matschig und zerfallen leicht, liegt eindeutig Wurzelfäule vor. Gesunde Wurzeln sind hingegen fest und weiß.

Wurzelfäule vermeiden: Tipps zur richtigen Bewässerung

Sobald die Wurzeln verfault sind,

kann die Pflanze kaum noch gerettet werden. Um Wurzelfäule im Hochbeet von vornherein zu vermeiden, kannst du einige einfache Maßnahmen ergreifen:

- **Achte auf die richtige Wassermenge**: Weniger ist mehr! Überwässerung ist eine der Hauptursachen für Wurzelfäule. Gieße lieber seltener, dafür aber reichlich, anstatt die Pflanzen ständig mit kleinen Wassermengen zu versorgen. Ein häufiger Fehler ist, den Boden dauerhaft feucht zu halten. Das verhindert, dass die Pflanze Wasser aus tieferen Bodenschichten aufnimmt.

- **Drainage im Hochbeet:** Eine gute Drainageschicht am Boden des Hochbeets ist entscheidend, um Staunässe zu vermeiden. Verwende Materialien wie Kies, Tonscherben oder Sand, um überschüssiges Wasser abzuleiten. Dadurch bleibt das Erdreich locker und durchlässig.

- **Fingerprobe:** Bevor du erneut gießt, prüfe mit deinem Finger, ob der Boden noch feucht ist. Stecke den Finger einige Zentimeter tief in die Erde – fühlt sie sich noch feucht an, warte mit dem Gießen ab.

- **Mulchen:** Eine Schicht Mulch (z. B. aus Stroh oder Rindenmulch) auf der Erdoberfläche hilft, die Feuchtigkeit im Boden gleichmäßiger zu halten. Mulch schützt den Boden vor Austrocknung und reduziert die Notwendigkeit, zu häufig zu gießen.

Nährstoffmangel: Ursachen, Erkennung und Behebung im Hochbeet

Nährstoffmangel ist ein häufiges Problem im Hochbeet und betrifft nicht nur Gartenneulinge. Auch erfahrene Hobbygärtner stehen oft vor der Herausforderung, dass ihre Pflanzen nicht ausreichend mit Nährstoffen versorgt werden. Oft wird vergessen, regelmäßig zu düngen oder die falsche Erde verwendet. Damit deine Pflanzen gesund und kräftig wachsen, müssen sie eine ausgewogene Versorgung mit den Hauptnährstoffen Stickstoff (N), Phosphor (P) und Kalium (K) erhalten. Fehlen diese Nährstoffe, kann es zu Wachstumsstörungen und schwachen Ernten kommen. Gerade im Hochbeet, wo Nährstoffe durch die dichte Bepflanzung schneller aufgebraucht werden, ist die richtige Düngung entscheidend.

Haben deine Pflanzen einen Nährstoffmangel?

Es gibt einige typische Anzeichen, die auf Nährstoffmangel bei Pflanzen hinweisen:

- **Stickstoffmangel:** Erkennbar an gelben Blättern, insbesondere bei älteren Blättern. Stickstoff ist essenziell für das Blattwachstum und die allgemeine Vitalität der Pflanze.

- **Phosphormangel:** Dieser zeigt sich durch einen rötlichen Schimmer auf den Blättern, besonders an den

Blattunterseiten. Phosphor ist wichtig für die Energieversorgung der Pflanze und das Wurzelwachstum.

Kalium-Mangel: Braune Flecken und verbrannte Blattränder, insbesondere bei älteren Blättern, deuten auf Kalium-Mangel hin. Kalium fördert die Blüten- und Fruchtbildung.

Magnesiummangel: Chlorose, also gelbe Blätter mit grünen Blattadern, ist ein Zeichen für Magnesiummangel. Magnesium spielt eine wichtige Rolle bei der Fotosynthese.

Calciummangel: Wachstumsstörungen und Blütenendfäule (besonders bei Tomaten) deuten auf einen Mangel an Calcium hin, das für die Zellstabilität wichtig ist.

Verkümmerte Pflanzenteile, schlecht ausgebildete Blüten oder Früchte sowie insgesamt schwächlicher Wuchs sind ebenfalls klare Hinweise auf eine unzureichende Nährstoffversorgung. Ich erinnere mich gut an die zweite Saison mit meinem Hochbeet: Die Pflanzen wuchsen anfangs prächtig, doch nach einigen Wochen begannen die Blätter zu vergilben – ein deutliches Zeichen dafür, dass der Boden ausgelaugt war und Stickstoff fehlte.

Nährstoffmangel beheben im Hochbeet

Um Mängel zu beheben, ist eine gezielte Nährstoffzufuhr erforderlich. Hier bieten sich verschiedene organische Düngemittel an, die den Boden langfristig und schonend verbessern:

Kompost ist ein hervorragender natürlicher Dünger. Er setzt die Nährstoffe langsam frei, verbessert die Bodenstruktur und fördert die Wasserspeicherkapazität. Kompost versorgt deine Pflanzen mit einer ausgewogenen Menge an Stickstoff, Phosphor und Kalium, ohne den Boden zu überdüngen.

Hornspäne sind eine gute Stickstoffquelle, die langsam wirkt und den Pflanzen kontinuierlich Nährstoffe zur Verfügung stellt. Sie sind besonders geeignet für Starkzehrer wie Tomaten oder Zucchini, die einen höheren Stickstoffbedarf haben.

Pflanzenjauche, z. B. aus Brennnesseln, liefert schnell verfügbare Nährstoffe, vor allem Stickstoff und Kalium. Diese flüssige Düngung kann direkt auf die Pflanzen aufgebracht werden und hilft, akute Nährstoffmängel schnell zu beheben.
Wichtig ist, nicht zu viel auf einmal zu düngen. Eine Überdüngung kann dem Boden und den Pflanzen genauso schaden wie ein Nährstoffmangel. Daher ist es ratsam, Düngemittel in Maßen und gezielt nach Bedarf einzusetzen.

Wichtig ist, nicht zu viel auf einmal zu düngen. Eine Überdüngung kann dem Boden und den Pflanzen genauso schaden wie ein Nährstoffmangel. Daher ist es ratsam, Düngemittel in

Maßen und gezielt nach Bedarf einzusetzen.

Regelmäßige Bodentests

Um herauszufinden, welche Nährstoffe deinen Pflanzen fehlen, ist ein Bodentest hilfreich. Er gibt Aufschluss über den pH-Wert und den Gehalt an Nährstoffen wie Stickstoff, Phosphor, Kalium sowie wichtigen Spurenelementen wie Magnesium und Calcium. Ein solcher Test hilft dir, die Düngung optimal abzustimmen und sowohl Nährstoffmängel als auch Überdüngung zu vermeiden. Bodentests sind in vielen Gartencentern erhältlich und einfach durchzuführen.

Überdüngung: Warum weniger oft mehr ist

Pflanzen benötigen Nährstoffe, um kräftig zu wachsen und gesund zu bleiben. Doch wie bei vielen Dingen gilt auch hier: Weniger ist oft mehr. Überdüngung ist ein häufiges Problem im Gartenbau und kann die Gesundheit deiner Pflanzen massiv beeinträchtigen. Als leidenschaftlicher Gärtner habe ich selbst erfahren, wie leicht man es mit der Düngung übertreiben kann. Aus dem Wunsch heraus, den Pflanzen etwas Gutes zu tun, wird schnell das Gegenteil erreicht. Eine zu hohe Düngermenge kann zu schweren Schäden führen, die das Wachstum der Pflanzen hemmen oder sie sogar absterben lassen.

Merkmale einer Überdüngung

Die ersten Anzeichen einer Überdüngung zeigen sich häufig an den Blattspitzen, die braun und trocken werden – ein klassisches Anzeichen für Salzansammlungen im Boden. Ein weiteres Symptom ist ein plötzlicher Wachstumsstopp: Zunächst wachsen die Pflanzen sprunghaft, als ob sie von der hohen Nährstoffzufuhr profitieren würden, dann stagniert das Wachstum plötzlich. Die Pflanzen wirken insgesamt schwach und kränklich, die Blätter verfärben sich und verbrennen. Besonders problematisch ist dies bei stark gedüngten Böden, da die Nährstoffe die Wurzeln schädigen und somit die Wasser- und Nährstoffaufnahme blockieren können.

Ich erinnere mich an eine Saison, in der ich zu viel Langzeitdünger verwendet habe. Zuerst wuchsen meine Pflanzen wie verrückt, doch dann stoppten sie abrupt. Die Blätter begannen zu verbrennen, und die Pflanzen sanken förmlich in sich zusammen.

Warum weniger oft mehr ist: der richtige Umgang mit Dünger

Um Überdüngung zu vermeiden, ist es wichtig, den richtigen Ansatz zu wählen. Wenn du – wie ich – mit Kompost arbeitest, bietet dieser eine natürliche und ausgewogene Nährstoffversorgung für deine Pflanzen. Kompost setzt Nährstoffe langsam und gleichmäßig frei, sodass das Risiko einer Überdüngung deutlich geringer ist als bei mineralischen Düngern. Bei Starkzehrern wie Tomaten, Kürbis oder Zucchini reicht es oft, leicht nachzudüngen. Eine zusätzliche Gabe von Kompost oder selbst hergestellter Pflanzenjauche (z. B. aus Brennnesseln) ist meist völlig ausreichend. Starkzehrer haben zwar einen höheren Nährstoffbedarf, aber auch hier solltest du sparsam mit zusätzlichen Düngern umgehen, um Überdüngung zu verhindern.

Wichtige Tipps zur Vermeidung von Überdüngung

Dünge nur nach Bedarf: Bevor du düngst, prüfe den Zustand deiner Pflanzen. Zeigen sie Anzeichen von Nährstoffmangel (z. B. gelbe Blätter), kannst du gezielt nachdüngen, statt pauschal den ganzen Garten.

Verwende organische Dünger wie Kompost: Kompost ist eine hervorragende natürliche Quelle für Nährstoffe. Er versorgt deine Pflanzen langfristig und gleichmäßig, ohne die Gefahr von Überdüngung.

Vermeide mineralische Überdüngung: Insbesondere bei Langzeitdüngern oder schnell wirkenden mineralischen Düngern ist Vorsicht geboten. Diese können die Salzkonzentration im Boden erhöhen, was zu Wurzelschäden und Wachstumsstörungen führt.

Spüle den Boden bei Überdüngung: Wenn du zu viel Dünger aufgebracht hast, kannst du versuchen, die Salze aus dem Boden zu spülen, indem du den Boden gründlich bewässerst.

Leicht nachdüngen bei Starkzehrern: Pflanzen wie Tomaten, Paprika oder Kürbisse benötigen zwar mehr Nährstoffe, aber auch hier reicht oft eine leichte Nachdüngung mit organischen Mitteln wie Kompost oder Pflanzenjauche.

Sonnenbrand bei Pflanzen: Ursachen, Symptome und Schutzmaßnahmen

Pflanzen können unter intensiver Sonneneinstrahlung leiden – ähnlich wie wir Menschen erleiden sie Sonnenbrand. Besonders in den Sommermonaten, wenn die Sonne am stärksten ist, sind Gemüsepflanzen im Hochbeet gefährdet. Ich habe diese Herausforderung in meinen Hochbeeten selbst erlebt. Es ist frustrierend, wenn die sorgsam gepflegten Pflanzen plötzlich Anzeichen von Sonnenbrand zeigen. Besonders betroffen sind junge Pflanzen oder Jungpflanzen, die aus dem geschützten Innenbereich ins Freiland kommen. Sie müssen sich erst schrittweise an die direkte Sonneneinstrahlung gewöhnen.

Anzeichen von Sonnenbrand bei Pflanzen

Die Symptome eines Sonnenbrands bei Pflanzen sind leicht zu erkennen. Die ersten Anzeichen sind hellgelbe bis weiße Flecken auf den Blättern, die im Laufe der Zeit bräunlich werden und vertrocknen. Besonders betroffen sind die oberen Blätter, die der Sonne am stärksten ausgesetzt sind. Weitere Alarmsignale sind verbrann-

te Blattspitzen, die sich einrollen und spröde werden. In extremen Fällen kann die Pflanze sogar Teile ihrer Blätter verlieren.
Auch Chilis, Paprika und Tomaten können durch zu starke Sonneneinstrahlung geschädigt werden. Die Früchte sehen dann aus wie von einer Seite „gebacken".

Pflanzen vor Sonnenbrand schützen: Tipps für das Hochbeet

Glücklicherweise gibt es einige wirksame Maßnahmen, um Sonnenbrand bei deinen Gemüsepflanzen vorzubeugen:

Halbschattiger Standort: Der einfachste Schutz ist, das Hochbeet an einem halbschattigen Standort zu platzieren, um die direkte Sonneneinstrahlung während der heißesten Stunden des Tages zu reduzieren.

Sonnenschutznetz: In den heißen Sommermonaten kann ein Sonnenschutznetz über das Hochbeet gespannt werden. Dieses Netz reduziert die Intensität der direkten Sonneneinstrahlung, ohne den Pflanzen zu viel Licht zu nehmen. Es schützt besonders gut empfindliche Pflanzen wie Gurken oder Salat.

Schutzabdeckungen: An besonders sonnigen Tagen kannst du empfindliche Pflanzen zusätzlich mit einem Tuch oder einer Abdeckung schützen. Die Abdeckung sollte genug Luftzirkulation ermöglichen, um Hitzestau zu vermeiden.

Härtung der Jungpflanzen: Wenn du Jungpflanzen aus dem geschützten Innenbereich ins Freiland setzt, solltest du sie langsam an die direkte Sonne gewöhnen. Setze sie zunächst an einem bedeckten Tag ins Beet und erhöhe schrittweise die Zeit, die sie direkter Sonneneinstrahlung ausgesetzt sind. Diese Härtungsphase reduziert das Risiko von Sonnenbrand erheblich.

Bewässerung: Eine ausreichende Wasserversorgung ist ebenfalls wichtig, da gut bewässerte Pflanzen widerstandsfähiger gegenüber Hitzeschäden sind. Gieße am besten in den frühen Morgenstunden oder am Abend, damit das Wasser tief in den Boden eindringen kann, bevor es durch Verdunstung verloren geht.

Wassermangel: Auswirkungen und Vorbeugung

Wasser ist essenziell für das gesunde Wachstum deiner Pflanzen. Ein Mangel an Wasser beeinträchtigt nicht nur ihr Erscheinungsbild, sondern kann auch deine Ernte erheblich gefährden. Besonders in heißen und trockenen Sommermonaten kann der Wassermangel im Hochbeet schnell zu einem ernsten Problem werden.

Anzeichen für Wassermangel

Wassermangel lässt sich in der Regel leicht erkennen, da die Pflanzen sichtbare Symptome zeigen:

Schlaffe, hängende Blätter: Die Blätter verlieren ihre Spannung und hängen herab, da die Pflanze versucht, Wasser zu sparen. Dies ist eines der ersten Warnsignale für Wassermangel.

- **Vertrocknete Blattränder und Flecken:** Von länger andauerndem Wassermangel sind die äußeren Blattbereiche zuerst betroffen; die Blattränder trocknen aus. Auf den Blättern treten braune Flecken auf.

- **Eingerollte Blätter:** Einige Pflanzenarten, z. B. Tomaten, rollen ihre Blätter ein, um die Verdunstungsfläche zu verringern und so den Wasserverlust zu minimieren.

- **Verlangsamtes Wachstum:** Wassermangel führt zu einer Nährstoffunterversorgung, da die Pflanze bei Trockenheit Nährstoffe nicht effektiv aus dem Boden aufnehmen kann. Das Wachstum verlangsamt sich deutlich.

- **Absterben der Blätter:** In extremen Fällen vertrocknen die Blätter vollständig und fallen ab, was die Fotosynthese erheblich einschränkt und zu einer deutlich geringeren Ernte führt.

Langfristige Folgen von Wassermangel

Der Mangel an Wasser führt nicht nur zu sichtbaren Schäden an den Blättern, sondern beeinträchtigt auch die Wurzelentwicklung. Unter anhaltendem Wassermangel verkümmern die Wurzeln, was die Pflanze anfälliger für Krankheiten und Schädlinge macht. Langfristig kann dies zu erheblichen Ernteverlusten führen.

Vorbeugung: die richtige Bewässerung im Hochbeet

Um Wassermangel im Hochbeet vorzubeugen, ist eine gleichmäßige und ausreichende Wasserversorgung entscheidend. Hier sind einige bewährte Methoden, um deine Pflanzen ausreichend mit Wasser zu versorgen:

- **Gieße morgens oder abends:** Diese Tageszeiten sind ideal, da die Verdunstung gering ist und die Erde das Wasser optimal aufnehmen kann.

- **Tägliche Bewässerung bei hohen Temperaturen:** An heißen Sommertagen solltest du täglich gießen, da Hochbeete aufgrund ihrer erhöhten Lage schneller austrocknen.

- **Mulch verwenden:** Eine Schicht aus organischem Mulch, wie Stroh oder Rindenmulch, hilft, die Feuchtigkeit im Boden länger zu speichern und die Verdunstung zu verringern.

- **Effiziente Bewässerungssysteme:** Nutze automatische Bewässerungssysteme wie Tropfbewässerung, um eine gleichmäßige Wasserversorgung sicherzustellen. Solche Systeme verhindern, dass du das Gießen vergisst oder zu unregelmäßig Wasser gibst.

Mit der richtigen Bewässerungsstrategie kannst du sicherstellen, dass deine Pflanzen auch während trockener Perioden optimal versorgt sind und gesund wachsen.

Lichtmangel im Hochbeet: Ursachen und Lösungen

Licht ist einer der entscheidenden Faktoren für das gesunde Wachstum deiner Pflanzen. Ohne ausreichend Sonnenlicht, insbesondere UV-Strahlung, geraten sie schnell in Stress, entwickeln sich ungleichmäßig und können ihr volles Wachstumspotenzial nicht ausschöpfen. Besonders bei Hochbeeten, die in schattigen oder halbschattigen Bereichen stehen, kann Lichtmangel zu einem ernsthaften Problem werden. Auch ich habe diese Erfahrung in meinem eigenen Garten gemacht: Ein Hochbeet, das ich im Halbschatten platzierte, litt unter dem Schattenwurf eines nahe gelegenen Baumes. Schon nach kurzer Zeit zeigte das Gemüse deutliche Anzeichen von Lichtmangel.

Anzeichen von Lichtmangel bei Pflanzen

Pflanzen, die unter Lichtmangel leiden, zeigen deutliche Symptome: Sie wachsen spärlich, bilden lange, dünne Stängel (sogenannten „Geilwuchs") und haben blasse Blätter. Besonders Starkzehrer wie Tomaten, Paprika oder Zucchini sind auf eine intensive Lichtzufuhr angewiesen, um kräftig und gesund zu wachsen. Auch Salate, Kräuter und andere lichtliebende Pflanzen zeigen bei unzureichender Besonnung einen schwächeren Wuchs. Die Blätter bleiben kleiner und die Ernte fällt spärlich aus. Tomaten etwa tragen deutlich weniger Früchte und weisen eine geringere Vitalität auf, wenn sie in zu schattigen Bereichen stehen.

Lichtmangel vorbeugen und bekämpfen

Um Lichtmangel im Hochbeet zu verhindern, ist die Wahl des richtigen Standorts entscheidend. Der ideale Platz für ein Hochbeet erhält mindestens sechs Stunden direktes Sonnenlicht pro Tag. Falls dein Garten nicht ausreichend sonnige Bereiche bietet, kannst du folgende Maßnahmen ergreifen:

- **Hochwachsende Pflanzen richtig platzieren:** Setze hochwachsende Pflanzen wie Tomaten oder Sonnenblumen nicht direkt neben kleinere Pflanzen, da diese durch den Schattenwurf blockiert werden könnten. Achte auf einen ausreichenden Abstand zwischen den Pflanzen, um eine gute Lichtdurchlässigkeit zu gewährleisten.

- **Richtiger Pflanzabstand:** Eine zu dichte Bepflanzung kann zu einer gegenseitigen Beschattung führen. Halte deshalb ausreichend Abstand zwischen den Pflanzen, um eine optimale Lichtverteilung sicherzustellen.

Mit diesen Maßnahmen erhalten deine Pflanzen selbst in weniger optimalen Lichtverhältnissen genügend Sonnenlicht, um gesund zu wachsen und eine ertragreiche Ernte zu liefern.

WEITERE QUELLEN UND RESSOURCEN FÜR HOCHBEET-EINSTEIGER

Als Einsteiger ins Hochbeet-Gärtnern stehst du vor einer spannenden Herausforderung. Doch manchmal kann die Fülle an Informationen überwältigend wirken. Nach der Lektüre dieses Buches wirst du vielleicht weitere Ressourcen benötigen, um dein Wissen zu vertiefen und konkrete Probleme zu lösen. Keine Sorge, mit den richtigen Quellen findest du dich schnell zurecht und kannst eine erfolgreiche Ernte erzielen. Im Folgenden stelle ich dir einige praktische Ressourcen vor, die dir den Einstieg erleichtern.

Gartenbücher für Einsteiger

Bücher sind eine hervorragende Quelle für detailliertes Wissen und nützliche Tipps. Auch wenn du dieses Buch bereits durchgearbeitet hast, wirst du im Laufe der Gartensaison immer wieder Fragen haben. Dann ist es praktisch, auf einige zusätzliche Gartenbücher zurückgreifen zu können. Besonders empfehlenswert ist „Das große Biogarten-Buch" von Andrea Heistinger. Dieses Buch vermittelt umfassendes Wissen über den biologischen Gartenbau und enthält viele nützliche Tipps zur nachhaltigen Pflege deines Gartens. Ich selbst habe es oft als Referenz genutzt, besonders bei Fragen zu organischen Düngemethoden und Schädlingsbekämpfung. Ein weiteres wertvolles Buch ist „Das große Buch der Selbstversorgung" von Dick und James Strawbridge . Es geht über den Gemüseanbau hinaus und gibt Einblicke in ein autarkes Leben, was für diejenigen interessant ist, die ihren Garten langfristig zur Selbstversorgung nutzen wollen.

Online-Gartenforen und Communitys

Wenn du schnell eine Antwort auf eine spezifische Frage suchst, bieten Online-Foren und Garten-Communitys oft hilfreiche Lösungen. Eine beliebte Anlaufstelle ist die Plattform „Mein schöner Garten", wo du gezielte Fragen stellen und von den Erfahrungen anderer profitieren kannst. Hier ein praktisches Beispiel: Du stellst fest, dass deine Tomaten im Hochbeet plötzlich braune Flecken bekommen. In einem Forum kannst du dein Problem schildern und erhältst möglicherweise in kurzer Zeit hilfreiche Tipps von anderen Hobbygärtnern, die ähnliche Probleme bereits gelöst haben. Auch die Website „Gartenjournal" ist sehr informativ, insbesondere bei allgemeinen Gartenfragen wie der richtigen Bewässerung oder Mischkulturstrategien.

Youtube-Kanäle und Tutorials

Wenn du lieber visuell lernst, sind

Youtube-Videos eine großartige und effektive Möglichkeit, um praktische Anleitungen direkt zu sehen. Auf meinem Kanal Outdoorando findest du viele Schritt-für-Schritt-Videos, die speziell für Hochbeet-Einsteiger gemacht sind. Beispielsweise zeige ich dir in einem meiner Videos, wie du dein Hochbeet optimal für die Herbstsaison vorbereitest – ein praktisches Thema, das oft übersehen wird. Meine Videos sind leicht verständlich und direkt anwendbar, sodass du sofort loslegen kannst. Schau mal vorbei und lass dich inspirieren!

Apps zur Pflanzenbestimmung

Heutzutage sind Smartphone-Apps eine großartige und praktische Ergänzung zu Büchern und Online-Ressourcen.

Mit Apps wie „Plantix" kannst du einfach herausfinden, ob deine Pflanzen an einer Krankheit leiden oder von Schädlingen befallen sind. Praktisches Beispiel: Du entdeckst ungewöhnliche Flecken auf deinen Zucchiniblättern und bist unsicher, was die Ursache ist. Du machst ein Foto mit „Plantix" und die App gibt dir sofort Rückmeldung, um welchen Schädling es sich handeln könnte und wie du ihn am besten bekämpfen kannst.

Die App „Flora Incognita" ist besonders nützlich, um unbekannte Pflanzen sicher zu bestimmen. Das ist hilfreich, wenn du Pflanzen in deinem Garten findest, die du nicht selbst gepflanzt hast, über deren Pflege du aber mehr erfahren möchtest.

Gartenvereine und lokale Workshops

Eine weitere Möglichkeit, um dein Wissen zu erweitern, ist der Beitritt zu einem Gartenverein oder die Teilnahme an lokalen Workshops. In vielen Gemeinden gibt es spezielle Hochbeet-Workshops, in denen du praxisnah lernst, wie du dein Hochbeet optimal pflegst. Ein Gartenverein bietet dir zudem die Möglichkeit, dich regelmäßig mit erfahrenen Gärtnern auszutauschen. Ein praktisches Beispiel: Du besuchst einen Workshop zur Bodenpflege und erfährst dort, welche Art von Kompost für deine Pflanzen besonders vorteilhaft ist. Außerdem kannst du bei solchen Gelegenheiten direkt Fragen stellen und individuelle Tipps erhalten.

Kombiniere verschiedene Ressourcen

Am besten nutzt du eine Kombination aus Büchern, Online-Plattformen, Videos und Workshops. Ein Beispiel: Wenn du einen Artikel über Mischkultur in einem Buch gelesen hast, könntest du anschließend in einem Forum nach weiteren Tipps fragen und dir ein dazu passendes Video auf Youtube ansehen. Diese umfassende Herangehensweise gibt dir schnell die Sicherheit, die du als Hochbeet-Einsteiger brauchst, um erfolgreich zu gärtnern.

ZUSAMMENFASSUNG UND AUSBLICK

Nach vielen Kapiteln voller wertvoller Informationen und praktischer Ratschläge ist es nun an der Zeit, einen Moment innezuhalten und die wichtigsten Punkte Revue passieren zu lassen. Im Laufe des Buches hast du die Grundlagen der Gartenarbeit erlernt. Du weißt nun, wie du ein Hochbeet anlegst und es effektiv pflegst. Begriffe wie Mischkultur und Pflanzkalender sind dir nicht mehr fremd. Du hast zahlreiche Ideen für Themenbeete erhalten, die du direkt umsetzen kannst. Auch der Umgang mit häufigen Herausforderungen wie Schädlingen und Pflanzenkrankheiten im Hochbeet sollte dir nun leichter fallen.

Diese Themen bilden das Fundament für erfolgreiches und nachhaltiges Gärtnern – egal, ob du erst am Anfang deiner Reise stehst oder bereits erste Erfahrungen gesammelt hast.
Mit dem Lesen dieses Buches hast du dir nicht nur praktisches Wissen angeeignet, sondern auch ein tieferes Verständnis für die natürlichen Prozesse im Garten erworben. Dieses Verständnis wird dir helfen, dein Hochbeet bewusster zu pflegen und es in ein gesundes, blühendes Ökosystem zu verwandeln. Der Stolz über deine ersten Ernten wird nicht lange auf sich warten lassen. Doch es geht nicht nur um die Ernte – im Vordergrund stehen auch das Wohl deiner Pflanzen, die Erhaltung der Bodengesundheit und die Förderung einer nachhaltigen Gartengestaltung.
Jetzt kannst du das Gelernte direkt in deinem Gartenalltag umsetzen. Du hast wertvolle Werkzeuge an der Hand, um Probleme zu lösen und langfristige Strategien zu entwickeln, die den Erfolg deines Gartens sichern. Ob es um die richtige Pflanzenauswahl, den Einsatz natürlicher Mittel gegen Schädlinge oder die Optimierung deiner Gartenplanung geht – all diese Fähigkeiten kannst du Schritt für Schritt in deinem eigenen Garten anwenden.

Nun heißt es: dein Wissen praktisch anwenden!

Wie kannst du dein neu gewonnenes Wissen konkret im Alltag umsetzen? Es beginnt schon bei kleinen Entscheidungen: Welche Pflanzen setzt du wann ins Beet? Welche Pflanznachbarn passen gut zusammen? Mit einem detaillierten Pflanzplan für dein Hochbeet arbeitest du effizient. Achte auf regelmäßige Kontrollen, um Schädlinge frühzeitig zu erkennen und Maßnahmen zu ergreifen. Auch das Mulchen, Düngen und die Planung der Bewässerung sind essenziell, um dein Hochbeet optimal zu pflegen. Wenn du diese Maßnahmen konsequent umsetzt, wirst du langfristig einen gesünderen und ertragreicheren Garten haben.

Neben diesen praktischen Schritten solltest du auch deine langfristigen Ziele im Blick behalten. Möchtest du zukünftig mehr auf nachhaltige Methoden setzen? Oder ein neues Themenbeet ausprobieren? Vielleicht strebst du sogar an, dich teilweise selbst zu versorgen und unabhängiger von externen Ressourcen zu werden.

Was ich mir als Autor wünsche

Als Autor und Youtuber wünsche ich mir, dass du mit diesem Wissen nicht nur deinen Garten verbesserst, sondern auch Freude und Stolz an deiner Arbeit findest. Ein Garten ist weit mehr als ein Ort der Arbeit – er ist ein Rückzugsort, eine Quelle der Inspiration und Entspannung. Arbeite kontinuierlich an deinen Fähigkeiten und scheue nicht vor neuen Herausforderungen zurück. Gartenarbeit ist ein Lernprozess, der dich nicht nur als Gärtner, sondern auch persönlich weiterentwickeln lässt.

Ich möchte dir Mut zusprechen: Rückschläge gehören zur Gartenarbeit dazu, doch sie bieten immer eine Gelegenheit, Neues zu lernen. Sei geduldig mit dir selbst und vertraue auf deine Fähigkeiten – der Erfolg wird kommen. Die Freude, deine eigenen Erfolge zu beobachten, sei es eine wachsende Jungpflanze oder die Ernte im Herbst, ist unbezahlbar.

Meine Bitte:
Gib dein Wissen weiter!

Wissen ist wertvoll, wenn es geteilt wird. Jeder Gärtner kann von den Erfahrungen anderer lernen. Wie kannst du das Gelernte weitergeben? Teile deine Erfolge und Tipps mit Familie und Freunden. Vielleicht hast du bereits Erfolge mit deinem Hochbeet erzielt und kannst davon berichten. Gib einen Teil deiner Ernte ab oder zeige jemandem, wie er selbst beginnen kann.

Jeder steht vor ähnlichen Fragen, wenn er mit dem Gärtnern beginnt: Wie befülle ich mein Hochbeet? Welche Pflanzen passen gut zusammen? Wie oft sollte ich gießen? Dein Wissen kann diesen Menschen helfen, ihre ersten Schritte erfolgreich zu meistern.

Auch die Vernetzung mit Gleichgesinnten ist eine wunderbare Möglichkeit, um Erfahrungen auszutauschen. Ob in lokalen Gärtnervereinen, Online-Foren oder sozialen Medien – der Austausch mit anderen Gärtnern erweitert dein Wissen und verbindet dich mit einer Community, die deine Leidenschaft teilt.

Eine hervorragende Möglichkeit, sich weiterzuentwickeln, ist der Austausch mit Gleichgesinnten. In lokalen Gemeinschaften, Gärtnervereinen oder Online-Foren kannst du dich mit anderen Hobbygärtnern vernetzen. Solche Gruppen bieten nicht nur die Gelegenheit, Ideen und Tipps auszutauschen, sondern auch gemeinsam zu lernen und voneinander zu profitieren. Ein Gärtnerverein vor

Ort ist ideal, um sich regelmäßig zu treffen und direkt vor Ort zu lernen. In Online-Foren und sozialen Medien gibt es ebenfalls zahlreiche Gruppen, in denen Menschen ihre Gartenprojekte vorstellen und hilfreiche Tipps geben. So kannst du dich auch digital mit der Garten-Community vernetzen. Der Austausch von Wissen und Erfahrungen ist nicht nur für andere wertvoll – er stärkt auch dein eigenes Verständnis. Oft merkst du erst beim Erklären, wie viel du bereits gelernt hast.

Du wünschst dir noch mehr Unterstützung von mir?

Auch nach der Lektüre dieses Buches endet deine Reise als Gärtner nicht – im Gegenteil, sie fängt gerade erst an. Als Autor und Youtuber stehe ich dir weiterhin zur Seite, um dich auf deinem Weg zu begleiten. Mein Ziel ist es, dass du das Beste aus deinem Hochbeet und deinem Garten herausholst.

Eine Option, wie ich dich unterstützen kann, ist mein Youtube-Kanal Outdoorando. Dort findest du zahlreiche Videos mit hilfreichen Tipps und praktischen Anleitungen rund um das Thema Garten und Hochbeete. In meinen Videos zeige ich dir Schritt für Schritt, wie du dein Hochbeet optimal nutzt und pflegst. Natürlich freue ich mich, wenn du mir Fragen hinterlässt. Ich versuche, jede so gut es geht zu beantworten. Wenn ein Thema von allgemeinem Interesse ist, produziere ich auch gern ein Video dazu.

Neben meinem Youtube-Kanal kannst du mir auf Instagram folgen, wo ich regelmäßig Ideen, Inspirationen und Lösungen für gängige Gartenprobleme teile. Du kannst mir jederzeit Fragen stellen oder deine eigenen Fortschritte teilen. Auf meiner Website Outdoorando.de findest du weiterführende Blogbeiträge, die detailliert auf häufig gestellte Fragen eingehen. Dort erfährst du beispielsweise den besten Zeitpunkt zum Gießen, wie du effektiv gegen Schnecken vorgehst und wo du hochwertiges Saatgut bestellst.

Zu guter Letzt stehe ich dir natürlich auch persönlich zur Verfügung – ob per E-Mail oder über die Kommentarbereiche. Ich freue mich darauf, dir individuelle Tipps zu geben und dich auf deiner Gartenreise zu begleiten.

Mein Fazit und persönlicher Ausblick

Am Ende dieser Reise durch das Buch hoffe ich, dass du wertvolles Wissen und neue Motivation gewonnen hast. Wir haben über die Planung und Pflege eines Hochbeets, die Bekämpfung von Schädlingen und die Optimierung deiner Ernte gesprochen. Doch das ist nur der Anfang. Gartenarbeit ist ein fortlaufender Prozess, jedes Jahr bringt neue Herausforderungen und Chancen.

Du wirst auf unterschiedliche Wetterbedingungen, neue Pflanzen oder Schädlinge stoßen. Aber mit dem

Wissen, das du nun besitzt, bist du in der Lage, diese Herausforderungen zu meistern und deinen Garten kontinuierlich weiterzuentwickeln.
Mein persönlicher Wunsch für dich ist, dass du das Erlernte mit Selbstvertrauen und Begeisterung umsetzt. Gartenarbeit ist ein Lernprozess, und Fehler gehören dazu. Sie sind deine Chance, noch besser zu werden. Genieße die Zeit in deinem Garten, beobachte die Veränderungen und freue dich über die Erfolge – auch die kleinen.

Für die Zukunft hoffe ich, dass du dein Wissen weiter vertiefst und es an andere weitergibst. Der Austausch mit anderen Gärtnern ist eine der schönsten Seiten der Gartenarbeit. Indem du deine Erfahrungen teilst, hilfst du nicht nur anderen, sondern lernst auch selbst weiter. Gärtnern verbindet uns mit der Natur und mit unseren Mitmenschen. In diesem Sinne: Mach weiter, bleib neugierig und freue dich auf alles, was dein Hochbeet noch für dich bereithält!

www.outdoorando.de
https://www.youtube.com/Outdoorando
https://www.instagram.com/outdoorando